Die Grundlagen der Relativitätstheorie

Populärwissenschaftlich dargestellt

von

Dr. Rudolf Lämmel

Zürich-Meilen

Mit 32 Textfiguren

Verlag von Julius Springer in Berlin 1921

ISBN-13:978-3-642-90011-2   e-ISBN-13:978-3-642-91868-1
DOI: 10.1007/978-3-642-91868-1

Meiner lieben Frau.

Vorbemerkung.

Die nachfolgenden Ausführungen sind ein Versuch, die Gedankenwelt der Relativitätstheorie einem größeren Leserkreis zugänglich zu machen. Es ist ja sicher, daß niemand ohne ernste Denkarbeit in das ideelle Neuland eintreten kann. Die zahllosen Zeitungsartikel sind zu einem guten Teil ganz unbrauchbar, sie geben in sehr vielen Fällen einfach nichts. Auch aus einem einzelnen Vortrag kann nur derjenige etwas lernen, dessen Denken bereits geschult ist. Das liegt daran, daß man das ganze gedankliche Gebiet in der Umgebung der neuen Ideenwelt zuerst solide ausbauen muß, ehe man den Neubau aufführen kann. Auch geht es nicht an, die neuen Anschauungen einfach als Leitsätze hinzuschreiben. Sie müssen soweit als möglich in einem einzigen Fluß, als ein zusammenhängendes Lehrgebäude gegeben werden; und der einzelne neue Gedanke muß von vielen Seiten beleuchtet werden. Daher wird der Leser finden, daß ich die lehrhaften Wiederholungen sehr oft verwende und ihnen einen guten Teil der glatten Darstellung geopfert habe. Die Wege, die ich einschlage, sind meine eigenen. Da ich zu den sehr wenigen Menschen gehöre, die in der Lage waren, die Bedeutung des Relativitätsgedankens von Anfang an zu erkennen, ihren entscheidenden Einfluß auf die nächste Epoche der Physik vorauszusagen, so darf ich mir wohl erlauben, in der nachfolgenden Darstellung auch Gedanken zu bringen, die im eigenen

Garten gewachsen sind. Wer als Schulmeister einen nach-
denklichen Unterricht durch zwei Jahrzehnte gegeben hat
und dabei ein aufmerksames Auge für den Gang des wissenschaftlichen Denkens der Welt hatte, vermag manches zu
sagen, was ein anderer nur andeuten kann.

Meilen am Zürichsee, Weihnachten 1920.

Rudolf Lämmel.

Inhaltsverzeichnis

I. Absolut und relativ.

Das Gemüt der Menschen ringt nach Wahrheit. Seit Hunderttausenden von Jahren wohnen denkende Ahnen auf unserem Wandelstern, inmitten einer Natur voll gewaltiger Kräfte. Der Schauplatz des Geschehens, die Welt der Sinne, erzeugte im menschlichen Hirn einen Widerschein, die Welt der Gedanken. Traumhaft und verworren in seinen Anfängen, steigt die denkende Kraft des Menschen allmählich aus dem Unterbewußtsein ins Bewußtsein und wächst zur logischen Klarheit. Einem ewigen Gesetze gehorchend, wiederholt sich in jeglichem Kinde das Erleben der Väter und Mütter aus der Reihe der Ahnen, bis hinauf in die Welt der vormenschlichen Urahnen.

Wo stehen wir heute? Wenden wir den Blick nach rückwärts, so erkennen wir einen ungeheuren Fortschritt seit der Zeit, da unsere Ahnen den Gewalten der Natur dumpf brütend und staunend gegenüberstanden. Sehen wir aber vorwärts, den Fragen entgegen, die wir noch zu lösen haben, so erkennen wir mit Ehrfurcht eine Welt gewaltiger Rätsel, der gegenüber die gewonnene Erkenntnis klein und bescheiden, ja kümmerlich erscheint. Und soweit uns die geschichtlich festgelegte Entwicklung der Erdbewohner einen Schluß auf die Art des fortschreitenden Werdens zu tun gestattet, sehen wir bei aller Entwicklung noch ein beständiges Auf und Nieder, ein Hin und Her, ein Schwanken zwischen enthusiastischer Weltanschauung und skeptischer

Betrachtung. Bald glaubt eine Epoche die Rätsel der Welt gelöst zu haben, bald aber kommt wieder eine Zeit gelinder Verzweiflung. „Was ist Wahrheit?“ fragt Pilatus höhnisch den jüdischen Prediger aus Nazareth. Während die untergehende Welt des Altertums an der Wahrheit verzweifelte, suchte die neu aufkommende Denkart die Wahrheit im Glauben.

Schon die alten griechischen Denker haben erkannt, daß alle menschliche Erkenntnis beschränkt ist. Diese Beschränkung äußert sich in drei Formen:

1. Auf der Suche nach der Wahrheit stoßen wir beständig auf den Irrtum. All unsere Erkenntnis pendelt zwischen diesen Polen. Ernst Mach, der verdienstvolle österreichische Denker und Naturforscher, hat seinem letzten größeren Werk den Titel gegeben: „Erkenntnis und Irrtum“. — Falsche Beobachtung, Kritiklosigkeit oder überschäumende Phantasie sind die gewöhnlichen Quellen des Irrtums.

2. Abgesehen von solchen eigentlichen Irrtümern zeigt alle menschliche Erkenntnis die Eigenschaft der Relativität. Was gut und böse ist, was laut oder leise, hoch oder tief, fern oder nahe ist: es ist stets „verhältnismäßig“ gut oder böse, hoch oder tief.

3. Jede wirkliche Messung ist mit Fehlern behaftet, die teils in der Natur der Dinge, teils in der Psyche des Beobachters begründet, auf alle Fälle aber unvermeidbar sind.

Gesetzt den Fall, ich ermittle die Höhe eines Berges durch allerlei Beobachtungen und Messungen. Angenommen, daß mir dabei kein Irrtum untergelaufen ist, fragt es sich noch, welchen Sinn die Angabe haben soll: „Jener Berg ist 100 m hoch.“ Ich antworte, daß die Höhe sich auf meinen Standort bezieht; der Berg ist „relativ zu mir“

100 m hoch. Gewöhnlich gibt man aber Berghöhen relativ zum Meeresniveau an. Dann erweist sich, daß der Berg 250 m über dem Meere ist. Aber es gibt ja verschiedene Meere, und sie sind nicht gleich hoch. Auch ist ein bestimmtes Meer keineswegs immer gleich hoch. Die Ermittlung der durchschnittlichen Höhe ist in aller Strenge gar nicht möglich. Dies liegt an den unvermeidlichen „Beobachtungsfehlern", die ja natürlich auch der ursprünglichen Messung, welche 100 m ergab, anhaften. Sehen wir aber von dieser menschlichen Schwäche der fehlerhaften Beobachtung ganz ab. Wir haben uns vorgenommen, die „Höhe" des Berges zu bestimmen. Wir erhalten Angaben, die relativ zu uns oder relativ zu einem Meeresniveau gelten. Wir werden stutzig. „Ja," fragen wir „wie hoch ist denn der Berg wirklich? Ohne Rücksicht auf irgendwelche anderen Dinge?" — Darauf finden wir keine Antwort. Ja wir sind geneigt, zu erklären, daß es ein Unsinn sei, von einer „absoluten" Höhe zu sprechen. Auch wenn man schließlich die Entfernung des Berggipfels vom Mittelpunkt der Erde angäbe, könnte man diese Höhe zwar als eine bemerkenswerte Angabe, keineswegs aber als die „absolute" Erhebung betrachten.

Es entspricht durchaus einer modernen Weltanschauung, zuzugeben, daß die Sätze der Moral nicht absolut sind. Was uns heute als unmoralisch erscheint, mag zu andern Zeiten und bei andern Völkern als moralisch gelten. — Weniger klar erscheint dem Denken der Allgemeinheit, daß auch den wissenschaftlichen Urteilen eine solche Relativität anhaftet. Diese Relativität ist freilich von anderer Beschaffenheit: während die Unsicherheit moralischer Erkenntnis in der ewig wechselnden Grundlage der Beurteilung liegt, ist die Relativität naturwissenschaftlicher Urteile in der wirklichen Welt begründet. Dies trifft um so mehr zu, je schärfer wir uns auf einen ausschließlich mechanischen Standpunkt der Betrachtung stellen.

Vom Standpunkt der mechanischen Weltauffassung aus ist jegliches Geschehen auflösbar in Bewegung. Der Urgrund all dessen, was in der Welt der Organismen wie auch in der Welt der unbelebten Stoffe vor sich geht, ist darnach das Wechselspiel zwischen Stoff und Kraft, dessen Ergebnis Bewegung ist. Und die Bewegung, so meint das naive mechanische Denken, die ist doch ein Wirkliches, ein Absolutes. Aber die moderne Physik, die etwa 300 Jahre alt ist, hat gezeigt, daß dies ein Irrtum ist; die Bewegung ist etwas durchaus Relatives. Ich sitze in einem Stuhl und bin „in Ruhe". Da sich aber die Erde irgendwie in der Welt bewegt, so bin ich „eigentlich" nicht in Ruhe. Der Übergang vom antiken Denken zum modernen wird durch die Erkenntnis eingeleitet, daß die Erde eine in der Welt frei schwebende und sich bewegende Kugel ist. Bis zur Zeit des Kopernikus wurde die Erde von den meisten Menschen als etwas angesehen, das sich in absoluter Ruhe befände. Man nahm die scheinbaren Bewegungen der Sterne, des Mondes und der Sonne rund um die Erde für „bare Münze" und hielt die Erde für den Mittelpunkt der Welt. Allerdings muß vermutet werden, daß einzelne Denker des Altertums ihren Zeitgenossen um anderthalb Jahrtausende voraus dachten. Aristarch von Samos, der um das Jahr 170 v. Chr. geboren wurde, sprach klar aus: die Erde ist eine Kugel, die um sich selber rotiert und die sich im Laufe eines Jahres um die Sonne bewegt. Aber diese Erkenntnis war für seine Zeitgenossen und für die nachfolgenden 60 Generationen unfaßbar. Aristoteles (384—322 v. Chr.) hatte der naiven und unmittelbaren Anschauung, dem

„geozentrischen Weltsystem", Ausdruck verliehen. Aristarch und die wenigen, die ihn verstanden, blieben unbeachtet. Das geozentrische Weltsystem fand seinen Abschluß, seine vollendete Durchführung durch Claudius Ptolemäus (77—147 n. Chr.).

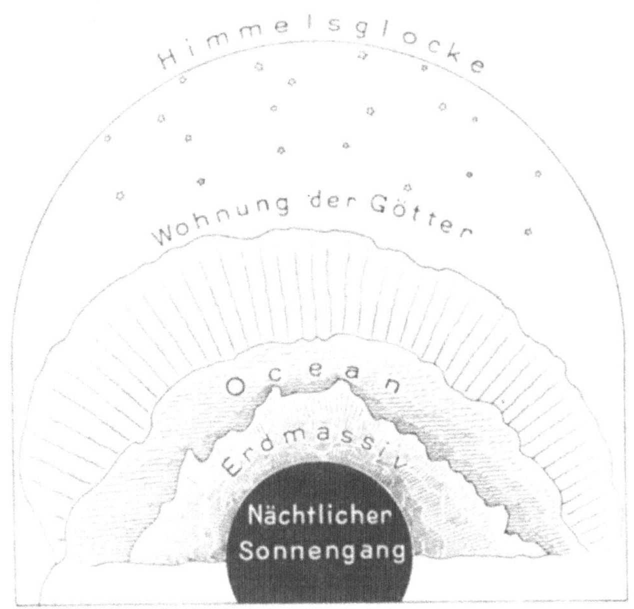

Abb. 1. Wie die gelehrten Chaldäer sich vor 4000 Jahren die Welt vorstellten.

Während zweitausend Jahren waren die Gelehrten überzeugt, daß die Erde Mittelpunkt der Welt sei. Wir Heutigen haben einige Mühe, die Natürlichkeit jenes naiven Standpunktes zuzugeben und einzusehen. Die suggestive Macht der Schulbildung läßt uns als selbstverständlich erscheinen, was nicht selbstverständlich ist.

Nicolaus Kopernikus (1473—1543) hat die alte und vergessene Lehre Aristarchs wiedererweckt. Er ist aber weit über seinen antiken Meister hinausgegangen, indem er nicht bloß die Erde, sondern alle Planeten Kreise um die Sonne beschreiben ließ. Er erhob damit die Wandelsterne zu Brüdern der Erde, zu gleichartigen Gebilden. Bei der Beurteilung des Widerstandes, den seine Lehre fand, ist dies bedeutungsvoll. Kopernikus konnte die Schleifenbewegung der Planeten einfacher erklären als Ptolemäus. Er hat die richtige Reihenfolge der damals bekannten Planeten festgestellt: Merkur, Venus, Erde, Mars, Jupiter, Saturn.

Die relative Bewegung von Himmel und Erde ist Tatsache. Die Auslegung dieser Bewegung ist Hypothese. Die Gelehrten hielten vor Kopernikus die Erde für ruhend, den Himmel für bewegt. Seither, ziemlich langsam übrigens, schlug die Stimmung und Meinung um. Seit Newton (1643—1727) ist das „heliozentrische System" ziemlich unbestritten, wenn es auch erst 1813 von der katholischen Kirche dadurch anerkannt wurde, daß die Werke des Kopernikus aus der Liste der verbotenen Bücher gestrichen wurden.

Der Übergang vom geozentrischen zum heliozentrischen Denken ist nun für unsere Erkenntnis insofern von grundlegender Bedeutung, als wir heute in der Lage sind, folgendes zu übersehen: sowohl das eine wie das andere System machte den Anspruch, die absolute Erkenntnis zu sein. Und bis in unsere Zeit hinein schien kein Zweifel, daß einer der beiden Standpunkte wahr, der andere aber falsch sein müsse. Erst der schon erwähnte österreichische Physiker Mach erkannte die Gleichberechtigung der beiden Anschauungen. Er ist der Vater der modernen Relativitätslehre.

Mit Mach beginnt eine neue Zeit in der Geschichte der Physik. Hören wir, was er über die beiden Weltsysteme sagt: „Bleibt man bloß auf dem Boden der Tatsachen, so weiß man nur von relativen Räumen und Bewegungen. Relativ sind die Bewegungen im Weltsystem, von dem unbekannten und unberücksichtigten Medium des Weltraumes abgesehen, dieselben, nach der Ptolemäischen und nach der Kopernikanischen Auffassung. Beide Auffassungen sind auch richtig, nur ist die letztere einfacher und praktischer ..."

Nur das Relative besteht absolut. Das ist des Pudels Kern. Im Grunde hat das schon Newton gewußt: „Die wahren Bewegungen der einzelnen Körper zu erkennen und von den scheinbaren zu unterscheiden ist übrigens sehr schwer, weil die Teile jenes unbeweglichen Raumes, in dem die Körper sich wahrhaft bewegen, nicht sinnlich erkannt werden können..., die Sache ist jedoch nicht gänzlich hoffnungslos."

Newton glaubte an das Vorhandensein eines „absoluten" Raumes. Ebenso war für ihn die Zeit eine „absolute" Größe. Und diese Anschauung ist bis in unsere Tage hinein als ganz sicher betrachtet worden, namentlich seit sie von Immanuel Kant (1724—1804) durch gründliche Betrachtungen gestützt und erhärtet worden war.

„Der absolute Raum bleibt vermöge seiner Natur und ohne eine Beziehung auf einen äußeren Gegenstand stets gleich und unbeweglich."

„Der relative Raum ist ein Maß oder ein Teil des ersteren, welcher von unseren Sinnen durch seine Lagen gegen andere Körper bezeichnet und gewöhnlich für den unbeweglichen Raum genommen wird."

Diese Erklärung steht in dem grundlegenden Werk Newtons, der „Philosophiae naturalis principia mathematica" aus dem Jahre 1686. Seit des Aristoteles Schriften hat kein Werk auf die Zeitgenossen und Nachfahren einen so großen Einfluß ausgeübt wie dieses Buch über die „Mathematischen Grundlagen der Naturbetrachtung". Mit Recht galt und gilt Newton als der Größte unter den Naturforschern der Neuzeit. Er legte den Grund zur mathematisch genauen Betrachtung der Astronomie, den Grund für die Mechanik, aus der die moderne Technik entsprungen ist. Sein ganzes Lehrgebäude ruht auf der Annahme, daß es gewisse absolute Dinge gebe, von denen als den natürlichen Grundlagen auszugehen sei. Der Raum war ihm ein solches Absolutes. Desgleichen die Zeit. Darüber sagt dieser große Forscher:

„Die absolute, wahre und mathematische Zeit verfließt an sich und vermöge ihrer Natur gleichförmig und ohne irgendeine Beziehung auf irgendeinen äußeren Gegenstand."

Diese Erklärungen sind nicht Erfindungen Newtons, sondern sie sind nur die genaue Fassung der vorhanden gewesenen unklaren Vorstellungen. Es wurde also eine absolute Zeit und ein absoluter Raum als vorhanden erklärt. Mit der Bezeichnung absolut soll ausdrücklich die Unabhängigkeit von anderen Dingen festgestellt sein. Der absolute Raum ist also nicht von den Sternen in der Welt abhängig; er ist auch nicht von dem menschlichen Verstand (in dem er sich doch gleichwohl gebildet hat) abhängig. Er ist auch nicht von der besonderen Beschaffenheit der menschlichen Sinne abhängig (aus deren Betätigung er aber entsprungen sein muß), sondern er ist eben von allen Dingen der Welt und der menschlichen Seele unabhängig. Er ist absolut.

Die Zeit ist in dieser Auffassung der klassischen Physik ein ewig starres Fließen, das sich lautlos im Raume vollzieht. Ihr Verlauf ist von allem kosmischen Geschehen unabhängig. Wiewohl wir, um den Ablauf der Zeit zu messen, nur die Möglichkeit haben, die Bewegungen in der Welt zu verfolgen und an ihnen einen passenden Zeitmaßstab zu definieren, so ist gleichwohl die „eigentliche" oder die absolute Zeit von solchen menschlichen Mitteln und schwachen Versuchen, ihrer habhaft zu werden, ganz unabhängig. Solcher Art waren die Vorstellungen über Raum und Zeit. Diese beiden Begriffe wurden für wirkliche „Realitäten" gehalten, deren Wesen der Welt ihren Stempel aufprägt.

Zu diesen Vorstellungen trat noch die entsprechende Betrachtung des dritten der physikalischen Grundbegriffe: der Masse. Was im Raum und in der Zeit vorhanden ist, das war der Stoff der Welt, für den Physiker die Masse. Sie war das Sinnenfällige, das unbestreitbar und wirklich Vorhandene, das man sehen und fühlen kann. Während aber Raum und Zeit voneinander und von allen anderen Dingen als gänzlich unabhängig betrachtet wurden, mußte der Stoff der Welt zu seinem Dasein notwendig schon Raum und Zeit vorfinden.

Machs Kritik war nicht imstande, diese „Herrschaft des Absoluten" in der Physik mit einem Schlage zu brechen. Wohl konnte er die Relativität aller Bewegung und die Gleichberechtigung verschiedener relativer Anschauungen zeigen. Er konnte den Glauben an die Absolutheit der Grundvorstellungen ein wenig erschüttern und den Physikern die Relativität aller Erkenntnis aufweisen. Erst der Wirksamkeit von Einstein war es vorbehalten, aus zahlreichen vorhandenen Ansätzen einen kühnen Schluß zu ziehen, nämlich den: auch die Grundvorstellungen der Physik, Abstände in Raum und Zeit betreffend, haben kein absolutes Dasein in der Welt.

Das Lehrgebäude der klassischen Physik, wie es von Galilei und Newton errichtet, von Euler, Lagrange und Laplace zur Vollendung ausgebaut wurde, zeigt ein Relativitätsprinzip, das aus der Vorstellung der Trägheit des Stoffes folgt. Betrachten wir den freien Fall, wie er sich in einem gleichförmig bewegten Eisenbahnzug abspielt, so findet sich kein Unterschied gegenüber dem „gewöhnlichen" freien Fall, der also auf die als fest gedachte Erdoberfläche bezogen ist. Weil der mitbewegte fallende Körper „aus Trägheit" während des Fallens die Zugsgeschwindigkeit beibehält, wird er sich relativ zum Beobachter im Wagen geradeso bewegen, als ob er in gewöhnlicher Weise frei fiele. Der Körper „vergißt" nicht, während er fällt, daß er sich auch mit seiner ganzen Umgebung im Wagen vorwärts bewegen muß. Wenn man in einem gleichmäßig fahrenden Schiff Billard spielt, so machen die Kugeln aus Trägheit die Bewegung des Schiffes mit, während sie dem Willen des Spielenden gemäß vorwärts und rückwärts laufen. Man kann dies auch so aussprechen: weil man ein solches Verhalten beobachtet hat, schließt man auf das Vorhandensein einer allgemein wirksamen Trägheit des Stoffes. Bei allen diesen Überlegungen denkt man stets so, daß man die Bewegungen unwillkürlich und unbewußt auf einen absoluten Raum bezieht.

Zwischen Ruhe und gleichförmiger Bewegung können wir praktisch nicht unterscheiden — sagt das „klassische Relativitätsprinzip". Hierbei ist offenbar „Ruhe" in bezug auf den absoluten Raum gemeint, desgleichen die Bewegung. Für die meisten Beobachtungen der Physik des täglichen Lebens wird die Oberfläche der Erde als ruhend betrachtet. Sie ist das meist gebrauchte „Bezugssystem" der Physik. Das Innere eines gleichmäßig bewegten Fahrzeuges — gleichmäßig eben in bezug auf die Erdoberfläche — ist ein anderes mögliches System. Die Erfahrung hat gezeigt, daß sich in beiden Systemen alle Vorgänge in gleicher

Weise abspielen: die Körper fallen in gleicher Weise, die Pendelschwingungen zeigen dieselben Gesetze, Fliehkräfte gleicher Art treten auf. Das klassische Relativitätsprinzip lautet also: „Die Gesetze, die sich in einem bestimmten System ergeben haben, gelten in gleicher Weise in jedem anderen System, das sich in bezug auf das erstgenannte gleichförmig gradlinig fortbewegt."

Diese Erkenntnis steckt schon in den Ausführungen Newtons vom Jahre 1686. Sie besteht also neben der Annahme eines absoluten Raumes und einer absoluten Zeit. Daher auch die Meinung von der allgemeinen Zulässigkeit und Gültigkeit willkürlicher Einheiten für Längen und Zeiten, sowie für die Massen. Auch Mach hat nicht daran gezweifelt, daß jegliche räumliche Entfernung oder jeder zeitliche Abstand einen wirklichen oder absoluten Wert besitze. Denn Mach hat nur jene Relativität klar aufgedeckt, die schon in der klassischen Physik enthalten war, die aber niemals genügend gewürdigt worden ist. Mach lehnt den absoluten Raum ab, da er nicht Gegenstand der Erfahrung werden könne und sonach nicht in physikalische Betrachtungen hinein gehöre: „Über den absoluten Raum und die absolute Bewegung kann niemand etwas aussagen, sie sind bloße Gedankengänge, die in der Erfahrung nicht aufgezeigt werden können." Mit dieser radikalen Erklärung, die übrigens vielfach angefochten worden, heute aber als zu Recht bestehend anerkannt ist, bricht Mach mit der überkommenen Auffassung von Raum und Zeit. Es ist zweckmäßig, wenn wir uns sofort den Schritt, der von Mach zu Einstein führt, klarmachen. Die Entfernung zweier Punkte A und B möge gemessen sein (Abb. 2). Nehmen wir an, sie betrage 1000 km. Diese Angabe wird nun folgendermaßen verstanden:

1. Die Physik von Newton und Galilei schreibt jedem der beiden Punkte eine ganz bestimmte, wenn auch unerkennbare Lage im absoluten Raume zu. Die Entfernung von 1000 km ist, wenn sie richtig ermittelt wurde, allgemein gültig, für jedermann richtig und also ebenfalls absolut.

2. Mach erklärt: Die absolute Lage der beiden Punkte A und B in der Welt ist eine bloße Spekulationsmeinung, sie kommt für den Physiker nicht in Betracht. Die relative

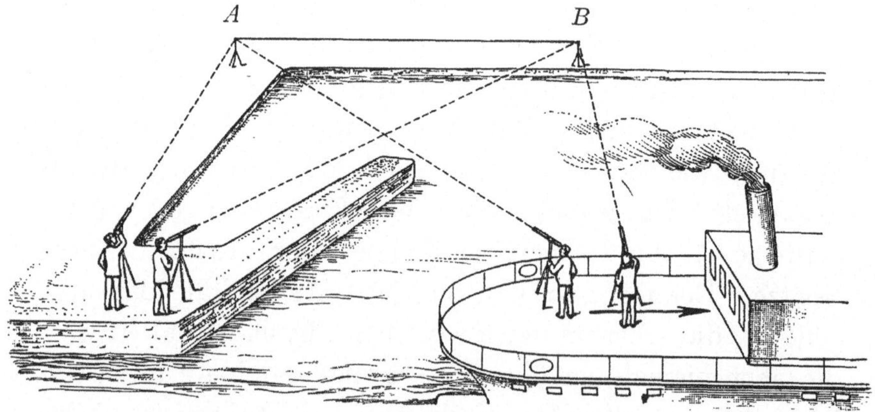

Abb. 2. Die Entfernung zweier Punkte ist a) nach Newton: eine absolute Länge in einem absoluten Raum; b) nach Mach: eine absolute Länge relativ zu einem beliebigen System; c) nach Einstein: eine relative Größe, vom Bezugssystem abhängig (d. h. vom Zustand des Beobachters).

Entfernung 1000 km ist das Wirkliche, sie hat absolut für jeden Beobachter denselben Wert, richtige Messung natürlich vorausgesetzt.

3. Einstein findet — und den Weg zu diesem Befund zu weisen wollen wir uns in diesem Büchlein vornehmen — folgendes: Auch die Entfernung von A und B ist keine absolut gültige Angabe; vielmehr ist die wirkliche Welt so beschaffen, daß zwei verschiedene Beobachter sehr wohl zu verschiedenen und dennoch richtigen Ergebnissen

gelangen können, wenn sie $A—B$ messen. Dies tritt insbesondere stets dann ein, wenn die beiden Beobachter sich in relativer Bewegung zueinander befinden.

Einen ähnlichen, vielleicht noch schärfer ausgeprägten Übergang zeigt die Entwicklung des Zeitbegriffes. Während für Newton eine absolute Zeit vorhanden ist, also ein „eherner und ewiger Verlauf", erkennt Mach klar die Relativität der Zeit; aber er sucht sie nicht in einem naturgemäßen Zusammenhang mit den Dingen der Welt; sondern er sieht die Relativität nur in der Willkürlichkeit der Definition des Zeitmaßes. „Wir sind ganz außerstande, die Veränderung der Dinge an der Zeit zu messen. Die Zeit ist vielmehr eine Abstraktion, zu der wir durch die Veränderung der Dinge gelangen, weil wir auf kein bestimmtes Zeitmaß angewiesen sind, da eben alle untereinander zusammenhängen. Wir nennen eine Bewegung gleichförmig, in der gleichen Wegzuwüchsen gleiche Wegzuwüchse einer anderen, nämlich der Vergleichsbewegung (Erddrehung) entsprechen. Eine Bewegung kann gleichförmig sein in bezug auf eine andere. Die Frage, ob eine Bewegung an sich gleichförmig sei, hat gar keinen Sinn. Ebensowenig können wir von einer „absoluten" Zeit (unabhängig von jeder Veränderung) sprechen. Diese absolute Zeit kann an gar keiner Bewegung abgemessen werden, sie hat also auch gar keinen praktischen und keinen wissenschaftlichen Wert, niemand ist berechtigt, zu sagen, daß er von derselben etwas wisse, sie ist ein müßiger ‚metaphysischer‘ „Begriff."

Von dieser philosophisch wichtigen, aber physikalisch noch unfruchtbaren Erkenntnis ist Einstein ausgegangen, als er die absolute Zeit umwarf. Ohne Mach ist Einstein kaum denkbar. Stellen wir uns wieder, wie oben, eine Übersicht über den Gang der Entwicklung des Zeitbegriffes her, so finden wir:

1. **Newton**: Es gibt eine absolute Zeit; aber wir können nur vermittels einer willkürlichen Zeiteinheit, deren Verlauf messen. Wir können nur Zeitdifferenzen bestimmen; diese sind, richtige Messung vorausgesetzt, für jedermann gleich groß und also absolut.

2. **Mach**: Eine absolute Zeit ist unerkennbar und existiert nicht für die Physik. Bestimmt man den Verlauf der Zeit, wie üblich, durch Vergleich mit der Erddrehung, so erhält man ein praktisch brauchbares, allgemeingültiges Zeitmaß.

3. **Einstein**: Es gibt keine absolute Zeit, aber auch der Verlauf der Zeit, d. h. die Größe einer zeitlichen Differenz, ist für verschiedene Beobachter nicht notwendig gleich.

Aus diesen Zusammenstellungen, die unsere Aufgabe in allgemeinen Umrissen beschreiben, erkennen wir, daß die kritische Durchmusterung der von **Newton** aufgestellten Begriffe durch **Mach** zu einer neuen Physik geführt hat, die heute im Werden begriffen ist und deren Grundlage in der von **Einstein** aufgefundenen Relativität von Raum und Zeit besteht[1]).

---

[1]) Der große schwäbische Denker **Ludwig Lange** war sicher ebenso bedeutend wie Mach. Langes „Geschichte des Bewegungsbegriffes" vom Jahre 1885 weist stellenweise meisterhafte Bemerkungen auf. Lange hatte die Kühnheit, Newton und Kant zu einer Zeit zu kritisieren, da ein solches Unterfangen noch einigermaßen ungewöhnlich war. Allein ein widriges Schicksal hat Ludwig Lange verhindert, seine Gedankenwelt auszubauen und sich der Wissenschaft weiter zu widmen. Als ich ihn im Januar 1920 in Stuttgart kennen lernte, ein Monument der verflossenen Übergangsepoche, da zeigte der

Wir wollen nun zum Schluß dieses Kapitels noch dem klassischen Relativitätsprinzip einen mathematischen Ausdruck verleihen. Der Leser möge aber nicht erschrecken: der Aufwand ist nicht groß! Wenn wir in einem Schiff, das sich mit 5 m in der Sekunde relativ zum Wasser vorwärts bewegt, in der Richtung der Fahrt (also vorwärts) mit der Geschwindigkeit von einem Meter in der Sekunde gehen — welche Geschwindigkeit haben wir dann relativ zum Wasser? Ich nehme an, daß jeder Leser diese Frage beantworten wird: Wir haben die Summe der beiden Geschwindigkeiten; wir bewegen uns relativ zum Wasser mit 6 m/sec vorwärts. Allgemein gesprochen:

Es sei ein System A gegeben (die Meeresoberfläche im ruhig angenommenen Zustand). Relativ zu diesem System bewegt sich ein Körper B mit der Geschwindigkeit von v Meter in der Sekunde. Dieser Körper B werde nun wieder selber als ein „System" betrachtet. Relativ zu diesem System B wird festgestellt, daß sich ein Körper C mit der Geschwindigkeit w bewegt (der Spaziergänger im bewegten Schiff). Wir fragen nun; welche Geschwindigkeit hat C relativ zum ersten System A? Die klassische Mechanik gibt die Antwort:

$$u = v + w \, .$$

Erinnern wir uns daran, daß die Geschwindigkeit erklärt ist als das Verhältnis des Weges, den ein Körper zurücklegt, zu der Zeit, die er dazu braucht:

$$\text{Geschwindigkeit} = \text{Weg} : \text{Zeit} .$$

---

alte Herr das lebhafteste Interesse für die Relativität und erhob den Anspruch, neben Mach genannt zu werden. Was hiermit in Achtung und Anerkennung geschieht. Man kann nur bedauern, daß Lange 35 Jahre lang verschollen war — während Mach wirkte.

Wir sehen, daß für die klassische Physik die Geschwindigkeit relativ ist; der auf dem Schiff Spazierende hat eine Geschwindigkeit relativ zum Schiff, eine andere relativ zum Meer. Der allgemeine Gedanke, daß es weder einen absoluten Raum noch eine absolute Zeit gibt, führt natürlich zur Annahme, daß es auch keine absolute Geschwindigkeit gibt. Aber die relativen Geschwindigkeiten sind „absolut gültig". Damit ist folgendes gemeint: Bestimmt man die Geschwindigkeit des Fußgängers auf dem Schiff von einem auf dem Meere ruhenden Flosse oder von einem in entgegengesetzter Richtung fahrenden Schiff aus, oder vom Monde aus, oder von irgendwo aus: immer findet man 6 m in der Sekunde als Ergebnis. Daher haben die Sätze der klassischen Mechanik, trotz der Erkenntnis gewisser Relativitäten, etwas Absolutes an sich. Der Satz, daß zwei Geschwindigkeiten v und w sich addieren:

$$u = v + w$$

drückt diese Absolutheit aus. Wir wollen also hier schon bemerken, daß das moderne Relativitätsprinzip diesen einfachen Zusammenhang umwirft. Ihm zufolge ergibt sich vielmehr, daß die Übereinanderlagerung zweier Geschwindigkeiten verwickelter ist, als die Formel $v - w$ andeutet.

II. Ein Stein fällt zur Erde.

Wollen wir einen Turm erbauen, so ist es ausgeschlossen, mit der Spitze zu beginnen: wir müssen ein solides Fundament legen, Stockwerk auf Stockwerk errichten und das Ganze durch den Bau der Spitze vollenden. Wer die neuen Gedanken über die Relativität von Raum und Zeit verstehen will, muß sich jene Grundlagen des neuen Denkens, die in der hergebrachten Physik enthalten sind, genau ansehen. Denn es wäre falsch, zu glauben, daß die neue Lehre die alte umstürze: nein, diese wird vielmehr durch jene organisch weitergeführt.

Wir haben aber nicht etwa nötig, einen Lehrgang der gesamten Physik zu studieren, um zur neuen Lehre schreiten zu können. Es genügt vielmehr, einige wichtige Erscheinungen physikalischer Natur mit den Mitteln der klassischen Physik zu verfolgen, um — indem wir sie bis in ihre letzten Folgerungen durchdenken — das Tor zum Neuland der Begriffe zu finden.

Die Überlieferung berichtet, daß Newton einst durch den Anblick eines zur Erde fallenden Apfels angeregt wurde, über die Frage nachzudenken, ob die Wirkung der Erde wohl auch bis hinauf zum Monde reiche. Das Ergebnis dieser Überlegungen war die Auffindung des Gesetzes der allgemeinen Schwerkraft. Dieses Gesetz ermöglichte die Berechnung der Bahnen der Wandelsterne und die genaue Vorhersage der Finsternisse bis auf Zehntausende von Jahren voraus und in die Vergangenheit zurück. Aber dieses selbe Gesetz klärte auch die Erscheinungen des irdischen freien „Falles" der Körper auf; es zeigte die berühmten Galileischen Lehrsätze, die wir heute in den Schulen lernen, als einfache Folgerungen. Der Satz: „alle Körper fallen gleich schnell", zuerst ungläubig aufgenommen, hernach gedankenlos und schülerhaft nachgesagt und „geglaubt", enthält in Wahrheit schon eine Fülle von bedeutsamen Erkenntnissen. Die Untersuchung des Fallens der Körper ist denn auch in der Tat ein vortreffliches Beispiel für die Darlegung der Wege der klassischen Physik. Denn von hier geht die Entwicklung in leicht erkennbarer Linie bis zum Verständnis der Bewegungen der Himmelskörper und bis zur Grenze unsrer mechanischen Erkenntnisse überhaupt.

Wie fällt ein Körper zur Erde? Ersichtlich ist diese Frage bescheidener als die vielleicht näherliegende: „Warum fällt ein Körper zur Erde?" Indessen, so bescheiden sie ist, sie erfordert zur völligen Lösung doch den ganzen Denkapparat des Menschen. Wie, d. h. in erster Linie: was für eine Figur ist die Fallkurve? — Der unmittelbare Anblick belehrt uns, daß diese Linie eine gerade zu sein scheint. Und wir sind stolz darauf, zu erkennen, daß sich der Anblick einer Geraden auch für einen Beobachter in einem Zeppelin ergibt, der im Raume seines Schiffes, bei gleichmäßiger Fahrt, Fallversuche macht. Fällt in einem Eisenbahnwagen ein Gepäckstück aus dem Netze, so fällt es relativ zu den Mitfahrenden gerade so, wie ein im Freien fallender Körper, der relativ zur Erdoberfläche beobachtet wird. Betrachtet man aber den fallenden Körper, der sich im Inneren des Eisenbahnwagens bewegt, von außen, so ist die Fallinie eine Parabel (Abb. 3). Bewegt sich der Zug mit einer Geschwindigkeit von 90 km in der Stunde, also mit 25 m/sec, so wird in den ersten Augenblicken nach Beginn des Fallens der Anblick des Körpers wenig Neues bieten. Denken wir uns, der Fallvorgang würde mit einem (noch zu erfindenden) Zeitmikroskop von außen betrachtet werden. Nach einer tausendstel Sekunde beträgt die Vorwärtsbewegung samt dem Zug 25 mm, die Fallbewegung aber nur ein halbes Tausendstel eines Millimeters. Läßt man also die tausendstel Sekunden langsam genug verstreichen, so vergeht „einige Zeit", ehe wir etwas vom Fallen bemerken. Eine Sekunde nach Beginn des Fallens wird der Körper sich um einen Betrag von 5 m abwärts gesenkt haben, dabei aber mit dem Zug um 25 m vorwärts gegangen sein.

Nun ist bekannt, daß Fallversuche, die aus großen Höhen herab, oder in große Tiefen hinein stattgefunden haben, eine eigentümliche Abweichung zeigten. Im Jahre 1803 ließ Benzenberg in Hamburg von der Spitze des Michaelisturmes einen Stein ins Innere der Kirche fallen und stellte dabei eine Abweichung von 4 Linien, d. h. fast 1 cm, fest. Diese Abweichung nach Osten wurde seither auch durch Versuche in Bergwerksschächten nachgewiesen. Wir erklären sie durch die Drehung der Erde nach Osten. Da

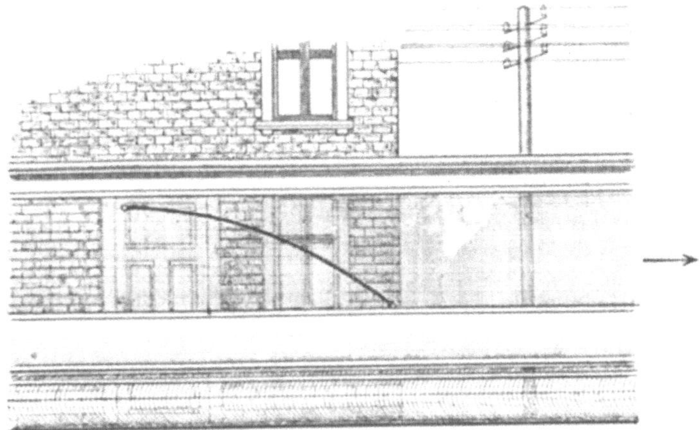

Abb. 3. Fallversuch im Eisenbahnwagen, vom Bahnwärterhaus betrachtet oder photographisch aufgenommen. Der fahrende Zug erscheint verschwommen, weil nur die in sich selber übergehenden Linien klar sichtbar bleiben, alle anderen aber verblassen zu schwach sichtbaren Flächen. Die Bewegungslinie eines fallenden kleinen Körpers aber erscheint scharf umrissen als Parabel.

der Mittelpunkt der Erde sich nicht dreht, die Oberflächenpunkte aber wohl, so haben alle dazwischen befindlichen Punkte kleinere Geschwindigkeiten als die Oberflächenpunkte. In unseren geographischen Breiten beträgt die Geschwindigkeit eines Oberflächenpunktes in seiner täglichen Bewegung um die Erdachse etwa 300 m/sec, und diese Größe wird, beim Eindringen ins Innere der Erde, für je 100 m Tiefe um etwa 46,7 mm kleiner. Daher fällt ein Körper den tiefer liegenden Punkten voraus. Der fallende

2*

Körper, der sich 100 m über dem Endpunkt seiner Bahn befindet, hat relativ zu diesem Endpunkt eine gewisse horizontale Bewegung (Abb. 4). Also haben wir wieder im Prinzip den fahrenden Eisenbahnzug; es entsteht eine parabelförmig gekrümmte Fallinie.

Nehmen wir nun aber an, der freie Fall würde vom Monde aus betrachtet werden. Bekanntlich zeigt uns der Mond immer dieselbe Seite; aber nicht auch wir ihm: vom Mond aus sieht man die Erde rotieren. Im Laufe von 24 Stunden fliegen alle Länder am Beschauer im Mond vorüber. Auch der fallende Stein fliegt vorüber. Der Beobachter im Mond sieht ziemlich vollständig jene von uns durch Rechnung erschlossene Geschwindigkeit von rund 304 m/sec. Fällt also der Stein 10 Sekunden lang, so bemerkt der Mondastronom, wenn er diesen Stein mit Instrumenten genau verfolgen kann, einen Weg von etwa 3042 m, der sich als Teil eines um die Erdachse geschlagenen Kreises erweist. Für eine Fallzeit von 10 Sekunden können wir den Weg als ungefähr geradlinig betrachten. Daneben fällt der Körper in der Richtung zur Erdoberfläche um 500 m, was also einen sehr viel geringeren Eindruck macht als jene 3042 m Drehbewegung (Abb. 5).

Erde und Mond bewegen sich, nach heute allgemein angenommener Anschauung, um die Sonne. Wie zwei ungleich große Brüder laufen sie um ihre Herrin, wobei sie sich beständig gegenseitig noch „stören“, d. h. aus der einfachen elliptischen Bahnlinie herausdrängen (Abb. 6).

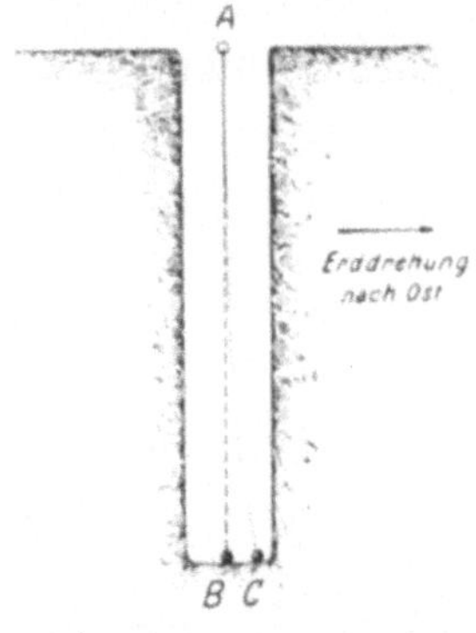

Abb. 4. Der Fall in einen Schacht, relativ zur Erde betrachtet
$A B$ = geometrisches Lot,
$A C$ = Fall-Linie.

Der kleinere Mond wird natürlich mehr gestört, als die größere Erde. Betrachten wir nun dieses Schauspiel von der Sonne aus; es soll wieder ein Körper auf der Erde „fallen". Wir verfolgen die Bahnlinie dieses Körpers mit genauen Apparaten von der Sonne aus. Da werden wir vor allem feststellen, daß der fallende Körper sich auch noch um die Sonne bewegt wie die Erde selber und der benachbarte Mond. Dieser Sonnenweg beträgt in 10 Sekunden 300 km und ist fast geradlinig. Genauer betrachtet erweist er sich als Teil einer Ellipse. Noch genauer untersucht, finden wir auch

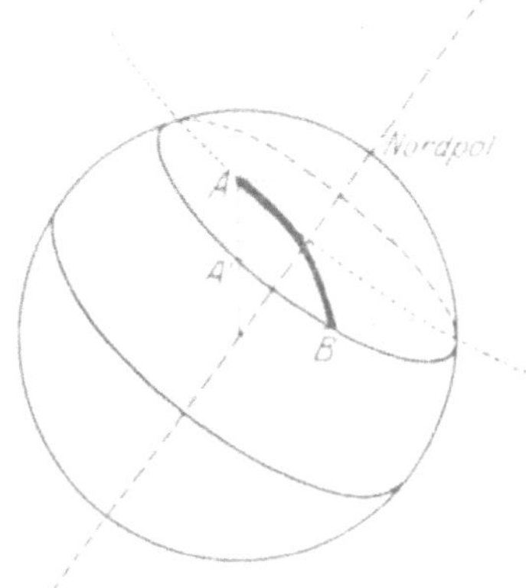

Abb. 5. Der freie Fall, vom Monde aus gesehen.

in diesen 300 km die Störungen, die der Mond hervorruft; also eine Flut und Ebbe. Das gibt nun schon eine ziem-

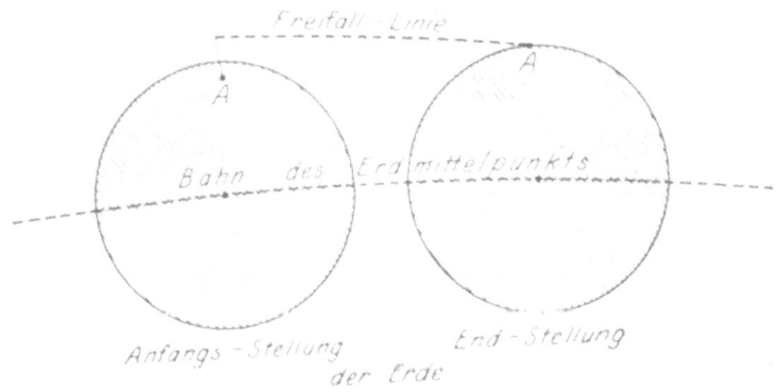

Abb. 6. Der irdische freie Fall, von der Sonne aus gesehen.

lich verwickelte Linie. Es ist hier vielleicht der richtige Moment, den Leser auf etwas für die Erkenntnis der natürlichen Dinge Wichtiges hinzuweisen. Der fallende Stein steht nämlich eigentlich unter dem Einfluß von zahllosen Kräften. Jeder größere Berg zieht ihn an, ein Hohlraum in der Erde stößt ihn scheinbar ab. Ja, selbst der Jupiter und irgendwelche Massen haben auf den Vorgang des Fallens unseres Steines auch ihren wohlberechtigten Einfluß. Indem wir von allen diesen Einflüssen nur jene betrachten, die wir als bedeutsam erkannt haben, begehen wir, wie gering auch die Unterlassung sein möchte, eine kleine Sünde wider die „absolute" Wahrheit. Wollten wir aber versuchen, dieser Sünde in strenger Scheu zu entgehen, so stießen wir wieder auf die menschliche Begrenztheit und Beschränktheit. Denn niemand vermöchte alle Einflüsse wirklich anzugeben und in Rechnung zu stellen. Hier liegt also wieder eine Unmöglichkeit vor, das Absolute zu erkennen. Es ist diese Menschlichkeit eine ähnliche Erscheinung wie die Tatsache der niemals vermeidbaren Beobachtungsfehler; diese letzteren machen es uns unmöglich, die wahre Länge eines Stabes zu messen. Ich finde bei einer Messung z. B. 146,34 mm, ein anderer aber erhält mit demselben Meßapparat vielleicht 146,49 mm. Nachher messe ich selber noch einmal und lese ab: 146,38 mm. Nun ist es uns natürlich unbenommen, aus allen Messungen eines Beobachters oder auch mehrerer einen Mittelwert zu bilden. Allein es gehört viel Glauben dazu, anzunehmen, daß dieser Mittelwert nun die „wahre Länge" des Stabes sei. Ja, eher könnte die Frage berechtigt sein: kann man von einer wahren Länge des Stabes überhaupt reden? Könnte man die Enden des Stabes unter einem (noch nicht erfundenen) Übermikroskop sehen, so ist zu vermuten, daß wir eine sich beständig hin und her bewegende Endgruppe von Molekülen erhielten, wie einen sich im Sonnenlicht wiegenden Mückenschwarm; wo wäre dann das Ende des Stabes?

Der ehrliche Forscher stößt überall auf Grenzen. Seine Erkenntnis ist daher in mehr als einer Hinsicht relativ Aber es wäre ein großer Irrtum, anzuehmen, daß diese Art der Relativität das ist, was der sog. Relativitätstheorie zugrunde liegt. Zwar ist das ein weit verbreiteter Irrtum. Nicht nur in volkstümlichen Zeitungsaufsätzen, auch in Lehrbüchern der Physik (z. B. in dem vortrefflichen Buch von Grimsehl) findet sich die Angabe: „Das sog. Relativitätsprinzip besagt demnach, daß es unmöglich ist, einen absoluten Ort, eine absolute Zeit zu bestimmen". Lieber Leser, das ist es nicht, um was sich die sog. Relativitätstheorie dreht! Diese Erkenntnis und die oben besprochenen menschlichen Unzulänglichkeiten haben mit dem Einsteinschen Relativitätsprinzip nichts zu tun! Diese Erkenntnis ist vielmehr im sog. „klassischen Relativitätsprinzip" enthalten, wie es schon die Newtonschen Grundlagen im Keime enthalten und wie es Mach klargelegt hat. Die neuen Relativitätsgedanken beziehen sich vielmehr auf eine weitere, bis vor wenigen Jahren völlig unbekannte Relativität, die auch dann noch vorhanden wäre, wenn wir auf alle absoluten Raum- und Zeitangaben verzichteten (was wir ja natürlich ohnehin tun, weil wir müssen!), wenn wir keinerlei Beobachtungsfehler begingen und wenn wir nur eine ganz kleine Zahl von Ursachen in Betracht zu ziehen hätten. Wenn wir also, um zu dem oben betrachteten Beispiel des Stabes zurückzukehren, keine Fehler beim Ablesen der Entfernung begingen, wenn die Enden des Stabes keine schwankenden Molekülhaufen wären, wenn wir also dem neben uns ruhenden Stab wirklich eine „glatte" Länge zuschreiben dürften — auch dann noch könnte ein anderer Beobachter demselben Stab mit gleichem Recht eine völlig verschiedene Länge zuschreiben:

das ist der neue Gedanke der Relativität. Ihm wollen wir uns schrittweise nähern.

Der fallende Stein beschreibt relativ zur Erdoberfläche eine gerade Linie, die sich aber bei genauerer Betrachtung als parabolisch nach Osten gekrümmt erweist. Relativ zum Mond erkennen wir eine viel stärker entwickelte zweite Parabel, der sich die eben genannte überlagert, wie eine Welle auf einer Saite sich über eine zweite Welle derselben Saite lagern kann. Denn vom Mond aus sehen wir ja, wie der fallende Stein als ein treuer Anhänger der Mutter Erde die tägliche Achsendrehung mitmacht, während er fällt. Von der Sonne aus ist die Fallinie eine sehr schwach gebogene Gerade, in welcher allerlei Ablenkungen enthalten sind und auch die genannten zwei parabolischen Krümmungen. Mit einigem Fleiß wird es möglich sein, sich diese Bewegungslinie des fallenden Steines vorzustellen, wie sie sich für den Beobachter in der Sonne darstellt. Sind wir nun mit unserer Betrachtung am Ende? Ist die genannte Kurve die „wirkliche" Bahn?

Ohne Zweifel haben die meisten Leser gehört, daß sich die Sonne in unserem Weltraum bewegt. Sie nimmt dabei alle Planeten und Kometen, alle Meteore und Staubschwärme ihres Systems mit sich. Wie die Kücken der Henne, so folgen die Mitglieder des Sonnensystems der Gewaltigen auf ihrer Bahn in die Tiefen der Welt, tributpflichtig durch die weitwirkende Kraft der allgemeinen Gravitation. Wie haben die Astronomen diese Bewegung des Sonnensystems entdeckt? Gewiß nicht am fallenden Stein. Ist es doch das ganze Sonnensystem, das dabei „fällt", in den Kosmos hineinfällt! Diese Sturzbewegung des Sonnensystems macht sich daran bemerkbar, daß gewisse Teile des Himmels „auseinander" zu gehen scheinen,

andere aber zusammenzurücken scheinen. Das heißt, daß
die Sterne in der ersteren Himmelsgegend (Herkules) sich
langsam voneinander entfernen, während sie auf der genau
entgegengesetzten Seite des Weltalls sich nähern. Immerhin sind diese Beobachtungen recht unsicher. Alle Fixsterne bewegen sich ja. Wüßten wir genau, wie der Himmel
vor 10 000 Jahren und vor 100 000 Jahren ausgesehen hat,
dann könnten wir über unsere Reise im Weltraum Sicheres
erkennen. Die grundlegende, entscheidende Frage ist die

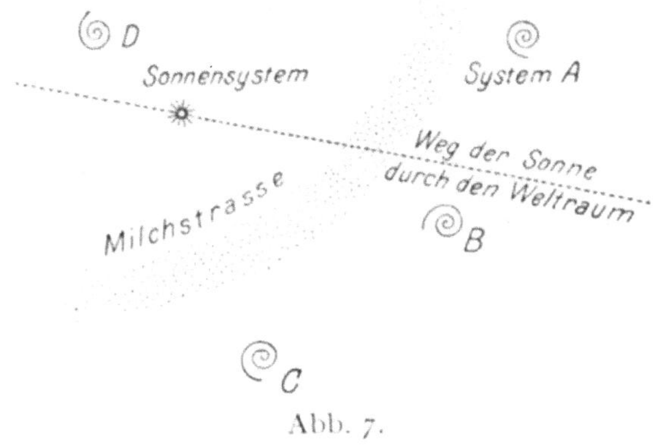

Abb. 7.

folgende: Gibt es in unserer Welt ganz bestimmte Züge
in den Sternbewegungen (Driften), oder aber bewegen sich
die Sterne wirr durcheinander wie die Moleküle in einem Gas
(oder die Mücken im Sonnenlicht)? Obwohl wir es eigentlich als unwahrscheinlich betrachten müssen, daß die Stern-
bewegung „wirr" erfolge, müssen wir doch diesen Standpunkt annehmen, weil wir noch nichts Bestimmtes über die
Sternbahnen wissen. Wir sagen: die mittlere Bewegung
der Sterne scheint „Null" zu sein. Damit nehmen wir an,
daß sich ebenso viele nach oben wie nach unten, nach links
und nach rechts vorwärts und rückwärts bewegen. Unter
dieser Annahme (und nur dann) findet sich: das

Sonnensystem bewegt sich mit etwa 20 km/sec gegen den Himmelsteil, wo das Sternbild des Herkules steht!

Die genannte Geschwindigkeit ist viel zu unsicher bestimmt, als daß es möglich gewesen wäre, an ihr auch noch eine Veränderung nachzuweisen. Eine solche könnte indessen doch vorhanden sein. Denken wir uns einen Schacht in die Erde gegraben, durch die Mitte hindurch bis zu den Antipoden. Lassen wir unseren Stein in diesen Schacht fallen. Dann wird seine Beschleunigung während des Fallens immer kleiner werden, und beim Durchlaufen der Mitte wird er zwar die größte Geschwindigkeit, aber gar keine Beschleunigung mehr haben. Nachher, beim Hinauslaufen aus dem Schacht in der Richtung zu den Antipoden, wird der Stein eine Verzögerung seiner Geschwindigkeit erkennen lassen, bis diese letztere Null ist. Dann wird, von den Antipoden angefangen, das Spiel von neuem beginnen. Durch die Mitte der Erde wird der Stein (wenn der Luftwiderstand weggelassen wird, was mit Rücksicht auf die folgende Anwendung des Gedankens erlaubt ist) mit einer Geschwindigkeit von etwa 8 km/Stunde sausen. Natürlich müßten wir den Schacht luftleer denken — denn die Luft würde im Erdmittelpunkt vielleicht dichter sein als Platin und würde dann unseren Überlegungen einen „dicken" Strich durch die Rechnung machen. Wir wollen diesen Gedanken auf das Sonnensystem übertragen, das nun für uns der „fallende Stein" ist. Gesetzt, die heute allgemein angenommene 20 km/sec Sonnengeschwindigkeit bestünde zu Recht: dann kann man daraus berechnen, daß der Durchmesser unserer Welt, falls wir uns in der Nähe der Mitte befinden, etwa 10 hoch 30 cm ist. (Rechnung siehe im Anhang.) Ferner kann man finden. daß die Sturzdauer, also das Alter unseres Weltalls, etwa 10 hoch 23 Sekunden ist[1]).

Berücksichtigen wir dies alles bei einem auf der Erde fallenden Stein, so müssen wir ihm außer den oben erklärten Biegungen noch jene 20 km/sec zubilligen, die er als Teil des Sonnensystems beanspruchen kann. Aber wir sind uns nun schon klar, daß die Bestimmung der Bahnlinie ins Uferlose sich hinzieht. Es gibt Fixsterne, die sich mit unserer Sonnenwelt parallel zu bewegen scheinen. Andere Sterne laufen, mit großer Geschwindigkeit von uns weg; oder vielleicht wir von ihnen. Von einem jeden Fixstern aus würde sich der Anblick eines auf der Erde frei fallenden Körpers anders gestalten. Wir können ja keinen Fixstern angeben, der „absolut" in Ruhe wäre. Gesetzt den Fall, ein Gott würde uns verraten, daß ein Stern sich in „wirklicher" Ruhe befinde — wir könnten nie entdecken, welcher Stern dies ist! Aber wir fühlen eine große innere Unwahrscheinlichkeit für die Annahme, daß überhaupt irgendein Stern „wirklich ruht". Denn, worauf sollte denn dies „wirklich" bezogen sein?? Gerade so wie die Bewegung relativ ist, d. h. auf bestimmte, als ruhend angenommene Gebilde bezogen werden muß, gerade so ist auch die Ruhe als relativ zu betrachten. Der Tisch steht „ruhig" in meinem Zimmer . . . aber ich weiß, daß sich das Zimmer mit der Erde dreht und bewegt. Lasse ich zwei Steine gleichzeitig und nebeneinander fallen, so bleiben sie relativ zueinander in Ruhe. Wir zweifeln aber keinen Augenblick daran, daß sie sich nicht wirklich in Ruhe befinden. Aber wie sie sich nun wirklich bewegen, das — können wir schließlich und endlich doch nicht sagen. Wir können nur immer

---

[1] d. h. hundert Billionen Lichtjahre Durchmesser und eine Billion Jahre Alter des Kosmos!

„relativ" zu diesem und jenem angeben. Der Leser muß sich in diesen Gedanken der klassischen Relativität durchaus vertiefen. Er muß zu der klaren Vorstellung kommen ... daß wir über die Form der Bahn eines fallenden Steines keine klare Vorstellung haben können! Wir müssen einsehen, daß unser Weg durch den Weltraum uns in eine uferlose, wenn auch vielleicht nicht unendliche Einöde führt, in der uns jegliche Möglichkeit einer Orientierung durchaus und hoffnungslos fehlt. Wir müssen verstehen, wie alles in unserer Welt sich in relativer Bewegung befindet, die gegenseitigen Entfernungen und alle Winkelrichtungen im beständigen Fließen begriffen sind. Wir leben in einem ungeheuer großen Raum, in dem sich verhältnismäßig wenig Materie befindet, so daß wir mit Recht von einer Einöde sprechen können. In diesem Raum können wir von keinerlei Vorgängen, auch nicht vom irdischen freien Fall, angeben, wie sie sich „absolut" oder „wirklich" abspielen. Haben wir diese Erkenntnis einmal gewonnen, so macht es nicht viel aus, wenn wir nun auch noch erklären: „es gibt keine absolute Bewegung" wie dies vielfach geschieht; oder wenn wir bloß erklären, wie dies von seiten mancher Denker gewünscht wird: „wir können keine absolute Bewegung erkennen".

Erinnern wir uns des Versuches von Benzenberg. Betrachten wir das Sonnensystem als den ins Weltall fallenden Stein. Wenn es gelingt, jene erste parabolische Abweichung zu finden, also eine Krümmung der Sonnenbahn im Weltraum, dann hätten wir ein Anzeichen für die Endlichkeit dieses Weltraumes. Und wir könnten, wie bei der Erde, auf eine Umdrehungsgeschwindigkeit dieser Welt schließen. Wir dürfen uns also nicht wundern, wenn man uns eines Tages ausrechnet, wie groß die Umlaufsdauer des Universums um seine eigne Achse ist ... Freilich wäre diese Achse dann etwas, das als ein „Absolutes in der Welt" betrachtet werden könnte. Und gegen alles „Absolute" sind wir nun mißtrauisch geworden.

Was lehrt uns nun die Betrachtung des fallenden Steines? Diese Untersuchung zeigt, daß die genaue Verfolgung eines Vorganges für uns Menschen in mehrerer Hinsicht auf Schwierigkeiten stößt, die schlechterdings nicht zu beheben sind. Fassen wir zusammen, so finden wir:

1. Da alle Dinge unserer Welt in jeglicher Hinsicht in beständigem Fließen begriffen sind, gibt es weder für Orts- noch Zeitangaben absolute Werte. Es gibt nur willkürliche Systeme, auf die wir uns beziehen können, keinerlei natürliches Bezugssystem ist in der Welt erkennbar.

2. Da alle menschliche Beobachtung mit unvermeidbaren Fehlern behaftet ist, können wir auch relative Größen (Längen von Stäben, Dauer von Zeiten, Gewichte) niemals absolut genau bestimmen. Die wirkliche Forschung kennt keinen einzigen wahren Wert, nur wahrscheinliche Werte gibt es.

3. Da jeder einzelne Vorgang unter der Einwirkung von zahllosen in Raum und Zeit verteilten Ursachen steht, ist die ganz genaue Betrachtung der wirklichen Vorgänge unmöglich. Wir müssen aus der Kette der Ursachen die meisten Glieder weglassen und uns nur auf die Untersuchung einiger weniger beschränken, denen wir die größte Bedeutung beimessen.

Es ist aber wichtig, folgendes zu bemerken: so bedeutsam die genannten drei Bedenken sind, die der menschlichen Erkenntnis den Stempel aufprägen, so zeigt doch die Lehre von der Mechanik keinen inneren Widerspruch. Man hat im Gegenteil das Gefühl, daß wir die Genauigkeit unserer Beschreibungen im Laufe der Zeit immer weiter steigern könnten, ohne freilich je ein Ziel zu erreichen, das etwas Endgültiges wäre.

Bei alledem könnte das Endgültige sehr wohl vorhanden sein, das „Absolute". Das moderne R.-P. lehrt, indem es weit über den bisher besprochenen Ideenkreis hinausgeht, daß ein solches Endgültiges und Absolutes nicht vorhanden ist. Wir sehen, daß sich innerhalb des Gebietes der uns bekannten Mechanik, also bei der Untersuchnng der uns bekannten Bewegungen, eine weitergehende Relativität, als sie in den oben genannten drei Punkten festgelegt ist, nicht erkennen läßt. Ich will nun aber, künftiger Auseinandersetzung vorgreifend, bemerken, daß dies nach der modernen R.-T. nur daran liegt, daß die uns bekannten Geschwindigkeiten ausnahmslos sehr klein sind gegenüber der Lichtgeschwindigkeit.

Auch die Sterne bewegen sich, soweit wir die Geschwindigkeit durch kühne Schlüsse überhaupt ermitteln können, sehr langsam im Vergleich zum Licht. Unsere Mechanik, die klassische Mechanik, ist eine Mechanik der kleinen Geschwindigkeiten. Wir können diesen Zusammenhang durch ein lehrreiches Bild aufhellen. Solange man sich auf die Untersuchung einer ruhigen Quecksilberoberfläche beschränkt, die sich in einem Gefäß im Zimmer befindet, kann man den Spiegel sehr wohl als eine Ebene betrachten. Unsere Kenntnis von der Kugelgestalt der Erde zeigt aber, daß dieser Spiegel genau genommen kugelig gekrümmt ist. Diese Tatsache wird aber erst dann sinnenfällig, wenn es sich um große Flächen handelt, wie sie sich z. B. dem Seefahrer auf dem Meere bieten: er kann die Krümmung des Wasserspiegels erkennen. (Herannahende Schiffe erscheinen zuerst mit den Spitzen der Maste.) Hinterher, wenn man

See, mit einem guten Operngucker oder einem
ırohr bewaffnet, so erblickt man von einem in
Entfernung befindlichen Boot nur die Köpfe der
(falls diese stehen; Abb. 8).
chtet man begrenzte kleine Teile der Erdoberfläche,
man sehr wohl zur Überzeugung gelangen, daß

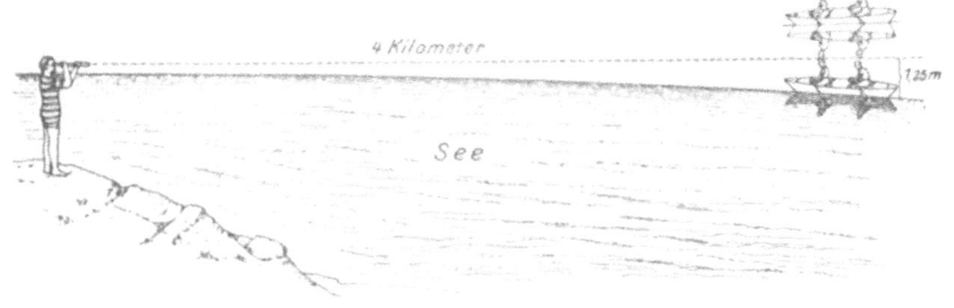

Abb. 8. Die Erde ist rund.

metrie anwenden. Bekanntlich kam uns die Kennt-
₍ugelgestalt der Erde aus der Astronomie. Heute
ir, daß nicht die ebene Geometrie, sondern die
metrie auf der Erde gilt. (Sphärische Geometrie.)
ılich verhält es sich mit der Mechanik. Bisher
ir gewisse Gesetze erkannt — namentlich die
ıie hat sehr große Erfolge aufzuweisen — und wir
ʒentlich keinen Grund, unzufrieden zu sein. Im
: noch vor wenigen Jahren wurde die Mechanik
Wissenschaft gerühmt, die seit hundert Jahren
entwickelt sei und alle Aufgaben, wenigstens
:lich, lösen könne. Nun kam aber von einem

außerhalb gelegenen Gebiet eine überraschende Kunde; die das feste Lehrgebäude als eine bloße Annäherung an die Wahrheit erkennen ließ. Dieses außerhalb gelegene Gebiet ist die Optik. Die unerwartete Kunde aber ist das moderne R.-P.

Ehe aber der Leser dazu gelangen kann, das R.-P. zu erfassen, müssen wir das klassische R.-P. aussprechen, wie wir es oben gefunden haben. Es ist dies also der Newtonsche Standpunkt, der aber erst von Mach scharf genug erkannt wurde.

Das klassische Relativitätsprinzip (K.R.-P.). Ruhe oder Bewegung eines Körpers kann man nur in bezug auf einen anderen Körper erkennen; daher auch nur auf solche Weise verstehen und anderen mitteilen; diese Art der Angaben nennen wir „relativ". Die Frage, wie ein Körper sich wirklich bewegt, d. h. ohne Rücksicht auf einen anderen Körper, können wir nicht beantworten. Diese wirkliche oder absolute Bewegung ist vielleicht auch gar nicht vorhanden; d. h. es hat keinen angebbaren Sinn, was damit gemeint sein könnte; weil wir nicht in der Lage sind, aus unseren Betrachtungen die Bezugnahme auf irgend etwas auszuschalten.

Wenn zwei Körper relativ zueinander bewegt sind, so kann man

1. A als ruhend, B als bewegt,
2. B als ruhend, A als bewegt,
3. A und B als bewegt betrachten.

Diese drei Fälle sind gleichberechtigt, wenn die reine Erfahrung und Beobachtung eine relative Bewegung von A und B zeigen. Und wir können mit menschlichen Mitteln eben niemals eine andere als eine solche relative Bewegung feststellen!

Diese Betrachtung gilt für die Verhältnisse im Kleinen wie im Großen. Die einzelnen Teilchen eines Körpers (Moleküle. und Atome, Elektronen und Kerne) bewegen sich relativ zueinander. Nur diese relative Bewegung ist für uns erkennbar und von Bedeutung. Die Sterne unseres Weltraumes sind ebenfalls in beständiger relativer Bewegung begriffen. Wir haben den Eindruck, daß der Bau der sichtbaren Welt samt den unsichtbaren Sonnen im Grunde nicht anders ist, als die Zusammensetzung, welche wir an einem irdischen Stück Stoff bemerken: Teilchen und wieder Teilchen, die in gegenseitiger Bewegung begriffen sind.

Niemand kann dieses K. R.-P. richtig erfassen, wenn er nicht neben diesen als relativ erkannten Begriffen auch jene Vorstellungen klar erschauen lernt, die der klassischen Mechanik als absolut galten; wir wollen sie kurz aufzählen:

Absolute Begriffe der klassischen Mechanik:

1. Jede Strecke hat eine ganz bestimmte Länge.

2. Jeder Vorgang dauert eine ganz bestimmte Zeit.

3. Jeder Körper hat eine ganz bestimmte Menge Stoff: Masse.

4. Jede beschleunigte Bewegung, sei sie geradlinig oder rotierend, macht sich absolut bemerkbar.

Zu 1., 2. und 4. ist zu sagen: die absoluten Werte der (zeitlich oder räumlich gemeinten) Endpunkte sind nicht vorhanden, wohl aber kommt der Differenz dieser Werte eine absolute Bedeutung zu.

Der 3. Punkt erschien an sich stets als selbstverständlich, bis (vor Einstein) erkannt wurde, daß die elektrische Masse von der Größe der Geschwindigkeit dieser Masse abhängig ist. Die Masse im gewöhnlichen Sinn, das Träge und Schwere eines Körpers, erschien daher schon vor der Aufstellung des R.-P. Einsteins als eine relative Größe.

III. Der Weltäther.

Der Stoff der Welt ist körnig gebaut. Damit soll gesagt sein, daß wir der Materie dieselbe Art des Aufbaus zuschreiben, die wir beim Anblick des nächtlichen Himmels bemerken: zahllose einzelne Teile, die voneinander durch verhältnismäßig große Zwischenräume getrennt sind. Die Teilchen irgendeines Stoffes, die voneinander getrennt und in beständiger Bewegung begriffen sind, nennt man Moleküle. Ihr wirkliches Vorhandensein kann heute als sicher gelten. Diese Moleküle bestehen aus jenen Grundstoffen, die den Körper überhaupt aufbauen. Die Moleküle sind also wieder zusammengesetzte Bausteine. Die Bestandteile der Moleküle werden durch chemische Vorgänge aus ihrem Zusammenhang gelockert und in neue Verbände gezwungen. Dies ist das Wesen chemischer Erscheinungen. Die in den Molekülen enthaltenen elementaren Teile nennt man Atome. Man stellt sich vor, daß dieselben durch die chemischen Prozesse nicht weiter zerlegt werden. Daher ihr Name, der „unteilbar" bedeutet. Natürlich ist die Annahme, irgend etwas sei schlechthin unteilbar, logisch ein Unsinn. Daß wir auch heute noch hier und da dieser Auffassung begegnen, zeigt nur, wie wenig philosophisches Denken in den Lehrbüchern steckt.

Jedes Element hat, nach der gegenwärtigen Anschauung, seine eigenen Atome. Man kann annehmen, daß sich die Atome verschiedener Grundstoffe vor allem durch ihre Größe unterscheiden, die vermutlich unmittelbar auch das Gewicht bedingt. Die Chemie lehrt, ausgehend von gewissen Annahmen, die Atomgewichte kennen. Gegenwärtig ist die Physik daran, diese Atome noch weiter aufzulösen, sie mit Hilfe elektrischer Einwirkungen in ihre Bestandteile zu zerlegen. Dies ist auf folgende Weise gelungen. Läßt man starke elektrische Entladungen durch eine luftleer gepumpte Glasröhre gehen (Röntgenröhre), so entstehen zweierlei materielle Strahlen. 1. Eine Ionenstrahlung, d. h. eine aus elektrisch geladenen Atomen bestehende Strahlung. 2. Eine aus sehr viel kleineren Teilchen bestehende, heftiger wirkende Aussendung, die Kathodenstrahlen. Diese letzteren hat man als negative Elektrizität erkannt. Die Teilchen dieser Kathodenstrahlen, denen man den Namen Elektronen gegeben hat, sind etwa 2000 mal kleiner als die kleinsten uns bekannten Atome, nämlich jene des Wasserstoffs. Was uns aber an dieser Erscheinung ausschließlich interessiert, ist die Tatsache, daß diese Teilchen stets dieselben sind, was für Art von Metall man auch in die Röntgenröhre als Elektrode eingeführt hat. Die Kathodenstrahlenteilchen sind jedesmal Elektronen von gleicher Beschaffenheit, ob sie nun durch Absplitterung aus Eisen oder Platin, aus Kupfer oder Aluminium entstehen. Diese Elektronen sind also vielleicht der Urstoff. Alle Elemente wären demnach aus derselben Urmaterie aufgebaut, der nichts anderes als die Elektrizität selber ist. Wie aber sind die Atome der Elemente aus den Elektronen zusammengebaut? Darauf hat der dänische Forscher Bohr eine Antwort gegeben. Auf Vorstellungen von Rutherford aufbauend, nahm er eine kühne Konstruktion vor: er schrieb den Atomen eine Konstruktion zu, wie sie sich bei dem Planetensystem unserer Sonne zeigt. Um einen Kern[1]) kreisen Elektronen. Bei dieser Vorstellung steht nun heute die Forschung. Der Wunsch nach einer einheitlichen Auffassung des Weltbaus ist befriedigt. Aber immer noch harrt eine andre Frage der Beantwortung:

---

[1]) Über die Natur dieses Kernes wissen wir nichts. Daher tappt die Urstoffidee noch im Dunkeln.

Wie kommt irgéndeine Wirkung zweier räumlich getrennter Stoffteilchen zustande?

Diese. Frage ist eine der größten Verlegenheiten der
physikalischen Forschung. Stellen wir uns vor, wie zwei
Körper A und B, die in einer beliebig großen oder kleinen
Entfernung voneinander im Raume schweben, aufeinander
einwirken sollen (Abb. 9). Es ist dabei gleichgültig, ob wir
uns zwei Sterne, z. B. Sonne und Jupiter in A und B denken,
oder aber zwei Moleküle. Es ist auch grundsätzlich gleich,
ob wir in A und B uns Atome denken, welche aufeinander
,,chemische Kräfte ausüben‘‘, oder aber schließlich Elektronen, die miteinander und mit ihrem Kern in Wechsel

Abb. 9. Wie wirken zwei Körper aufeinander?

wirkung stehen. Immer bleibt es für den menschlichen
Verstand unfaßbar, auf welche Weise sich die Wirkung
zwischen räumlich getrennten Teilen einstellt. Denn uns
ist nur eine Art der Wechselwirkung ohne weiteres klar,
weil sie in der Erfahrung des täglichen Lebens enthalten
ist: der Stoß oder die unmittelbare wirkliche Berührung.
Alle anderen möglichen Arten von Wirkungen nennen wir
Fernkräfte und können nur sagen: wir begreifen sie nicht!

Seit undenklichen Zeiten leuchtet uns Erdbewohnern
die Sonne und der gestirnte Himmel. Was ist das, was
auf solche Weise in der Erscheinung des Lichtes zu uns
gelangt? Diese Frage ist ein besonderer Fall der eben besprochenen allgemeinen. Wie kann man erklären, daß

von A nach B Licht gelangen kann? Nicht anders, als wie man erklärt, auf welche Weise überhaupt Wirkungen (Gravitation, chemische Einwirkung, magnetische Kräfte) von A nach B gelangen! Während wir bei Atomen oder Elektronen noch annehmen könnten, daß sie von Zeit zu Zeit zusammenstoßen und sich auf solche Weise gegenseitig beeinflussen, ist dies bei der Frage nach dem Wesen des Lichtes keine mögliche Annahme mehr; aber wir können den Gedanken leicht ausspinnen, indem wir annehmen, daß der leuchtende Körper A kleine Teilchen nach B sendet, die dort die Wirkungen des Lichtes hervorbringen. Diese Annahme ist die Anschauung Newtons gewesen und ist in der Geschichte unter dem Namen „Emissionstheorie" bekannt (Aussendungsannahme). Um es gleich vorweg zu nehmen: ich kann mir unter dem Licht auch nichts anderes vorstellen als solche „Wirkungsmengen", die vom leuchtenden Körper ausgespritzt werden.

Aber es gibt noch einen anderen Weg, die Wirkung von A nach B dem logischen Denken verständlich zu machen. Nehmen wir an, es stünden in A und B Beobachter, und A wollte eine Botschaft nach B übertragen. Da kann er nun einfach einen Boten senden, der den ganzen Weg A—B durcheilt, und die Aufgabe ist gelöst. Das entspricht eben der vorigen Annahme, der Emission. Wenn aber zwischen A und B eine Menschenmenge den Zwischenraum ausfüllt, so ist die Übertragung der Botschaft auch auf dem Wege möglich, daß A seinem Nachbar sagt, was zu übermitteln ist, dieser wieder es dem rechten Nachbar weitergibt, bis auf solche Weise B erreicht wird. Wenn A die Sonne ist und B die Erde, so wäre für die Übertragung des Lichtes nach dieser Vorstellung anzunehmen, daß sich zwischen uns und unserem Lebensquell etwas befinde, das die Übertragung vermittelt. Eine solche Annahme hat der geniale Holländer H u y g e n s (1629—1695) gemacht. Er dachte, daß der ganze Weltraum mit einer Stoffart in feinster Verteilung erfüllt sei, dem Äther. Auf diesen Äther wandte er nun die schon von H o o k e und G r i m a l d i aufgestellte Idee der Wellentheorie an: wirft man einen Stein ins Wasser, so laufen nach allen Seiten Wellen von der Einwurfsstelle weg. Dabei bewegt sich ein einzelnes Wasserteilchen nur wenig von seinem Ort weg, indem es auf und ab schwingt. Wirft man ein Stück Holz in solche Wasserwellen, so sieht man sofort, daß es wohl auf und ab geht, ein klein wenig auch hin und her, daß es aber im wesentlichen an Ort und Stelle bleibt. Diese Anschauung führte zur Aufstellung der Schwingungstheorie oder Äthertheorie des Lichtes, indem man sie in sinngemäßer Weise auf Äthervorgänge anwendete.

Die Wellentheorie nimmt also an, daß von der Lichtquelle aus eine Erschütterung im Äther sich nach allen Seiten fortpflanzt und, wenn sie in unser Auge gelangt, dort den Eindruck „Licht" hervorruft. Dieser Äther ist der „Träger der Lichterscheinungen". Der deutsche Physiker G u s t a v M i e sagt im Jahre 1911 vom Äther: „er ist im wahrsten Sinne des Wortes unwägbar und gehört demnach nicht zu den chemischen Stoffen. Er ist ungreifbar und unbeweglich."

Nun fragen wir uns: löst ein solcher Äther wirklich die Schwierigkeiten, von denen oben die Rede war? Wird durch ihn die Wirkung eines Körpers A auf einen anderen B verständlich, die F e r n w i r k u n g begreiflich? Ich sage: n e i n! Denn auch der Äther muß aus Teilchen bestehen, damit er Schwingungen tragen und fortpflanzen kann. Er kann keine „kontinuierliche Materie" sein. Dann können wir uns schließlich unter A und B der Abb. 9 zwei Ätherteilchen vorstellen und kommen wieder auf die alte Frage: wie geht die Wirkung von einem Körper A auf einen benachbarten anderen B über? Aus den Eigenschaften des Lichtes muß man schließen, daß die Schwingungen, deren Wesen Licht ergeben soll, senkrecht zu $A—B$ stattfinden müssen. Also sog. Transversalwellen. Demnach kein Stoß von A auf B. Sonach ist die alte Frage nicht gelöst: wie wirkt A auf B? — Man müßte geradezu annehmen, daß die Schwingungen des Körpers A durch reine Sympathie auf B übertragen werden! Wir erkennen also, daß die Ätherhypothese diese letzte Frage der Physik keineswegs löst, sondern sie nur um eine Station weiter nach rückwärts verschiebt.

„Ja, sogar der Begriff der Bewegung", sagt Mie, „läßt sich auf den Äther überhaupt gar nicht anwenden." Der Äther wird also allgemeiner Meinung nach als ruhig vorgestellt[1]). Aber nun durchdenken wir diese Behauptung: der Äther ruht! Diese Ruhe könnte, wenn sie „wahr" wäre, nur die gesuchte absolute Ruhe sein. Wir hätten uns dann eine Welt zu denken, die in ihrer ganzen Ausdehnung und in ihren kleinsten Räumen mit einer ewig ruhenden Gallerte durchsetzt wäre. Eine Gallerte, die wir übrigens ganz und gar nicht bemerken! Die wir nur annehmen müssen weil wir sonst nicht einsehen, wie sich das Licht von einem Körper A nach einem anderen Ort B ausbreiten könnte.

Der Gedanke der Wellentheorie und der Ätherhypothese: „das Licht ist eine periodische Störung im Weltäther", ist sicher ein sehr geistreicher und glänzender, auch ein sehr fruchtbarer und nützlicher gewesen. Niemand kann leugnen, daß die Theorie große Erfolge aufzuweisen hat. Es ist ge-

---

[1]) Wenn diese Bemerkung Mies überhaupt etwas Positives sagen will.

lungen, die Brechung und andere Erscheinungen des Lichtes genau zu berechnen und sozusagen zu verstehen. Weder Newton noch Huygens konnten eine Erklärung der Farben dünner Plättchen geben. Erst dem scharfsinnigen Engländer Thomas Young gelang es, die heute noch geltende Anschauung aufzustellen. — Daß die im weißen Licht enthaltenen verschiedenen Farben sich durch verschieden schnelle Schwingungen des Äthers unterscheiden — gleich den Tönen der Musik — war schon von Leonhard Euler in seinen berühmten „Briefen an eine deutsche Prinzessin" (1768) ausgesprochen worden. Young aber verstand es endlich, die Farbenerscheinungen an dünnen Schichten, Blättchen oder Häuten zu erklären. Das war anno 1800.

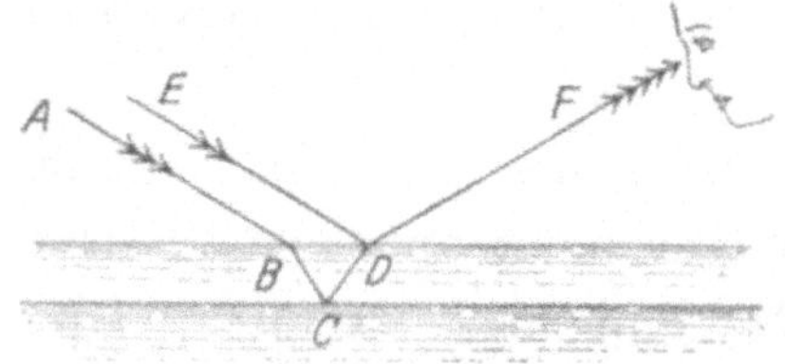

Abb. 10. Interferenz (= Verschmelzung) zweier Lichtstrahlen. Gangunterschied $= {}^1\!/_2$ Wellenlänge.

Der Strahl AB in Abb. 10 sei rotes Licht, aus einem Sonnenspektrum abgeleitet. Er tritt in die dünne Ölschicht ein und durchläuft sie von B bis C. Ein Teil wird hier wieder in das nächste Medium, z. B. in das darunter befindliche Wasser, gelassen; um diesen Strahl haben wir uns nicht weiter zu kümmern. Ein anderer Teil des roten Lichtstrahles aber wird an der Stelle C zurückgeworfen, durchläuft das Öl von C bis D und tritt bei D wieder in die Luft ein. An demselben Punkt D wird aber auch ein Lichtstrahl $E{-}D$ eintreffen, der von derselben roten Lichtquelle stammt wie $A{-}B$, und dieser zweite Strahl $E{-}D$ fällt in seiner Reflexion $D{-}F$ mit dem aus der Ölschicht tretenden Strahl $C{-}D{-}F$ zusammen. Beide Strahlen laufen also von D an gemeinsam und treten auch gemeinsam ins Auge des

Beobachters. Da aber die von *A* kommende Welle einen
Umweg machen mußte, wird sie sich mit der direkt zurück-
geworfenen nicht mehr in völliger Übereinstimmung befinden auf dem gemeinsamen Weg von *D* bis *F*. Die beiden
Wellen sind v e r s c h o b e n. Man kann die Größe der Verschiebung leicht ausrechnen (Abb. 11). Beträgt die Verschiebung gerade eine halbe Wellenlänge, so h e b e n sich
die Wellen a u f. — Das Ergebnis warf die damals noch
allgemein herrschende Stofftheorie N e w t o n s über den

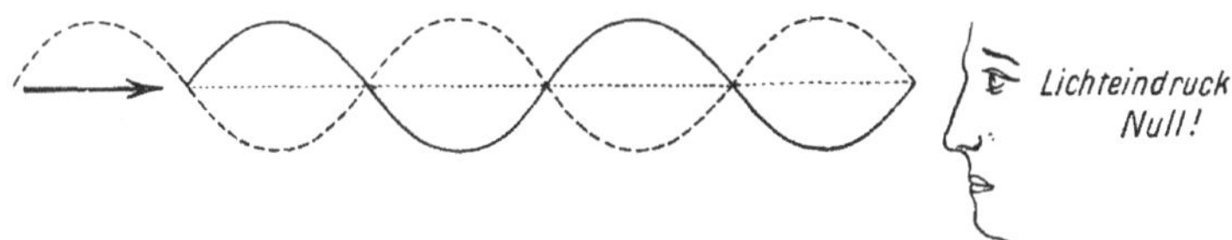

Abb. 11. Zwei Wellen, die sich aufheben.

Haufen: es schien von da an ganz klar, daß das Licht eine
Wellenbewegung im Äther sei. Man sagte und dachte etwa
so: Wenn es wirklich möglich ist, daß

Licht und Licht = Dunkelheit

gibt, so kann diese Tatsache nicht so verstanden werden,
daß dieses Licht ein Stoff sein könnte. Denn:

Stoff und Stoff = kein Stoff

wäre ein Unsinn. Hingegen, wenn das Licht eine besondere
Bewegung, nämlich eben eine schwingende (oszillierende)
Bewegung der Ätherteilchen ist, dann kann die Tatsache
verstanden werden, daß Licht und Licht unter Umständen
Dunkelheit gibt. Wird ein Punkt gleichzeitig von zwei
gleichgroßen Kräften erfaßt, die genau entgegengesetzt
wirken, so muß der Körper in Ruhe bleiben. Die Aussage:

Bewegung und Bewegung = R u h e

hat also sehr wohl einen Sinn. Wir wollen aber ausdrücklich

hervorheben, daß in dieser herkömmlichen Überlegung ein Fehler steckt. Bewegung kann nämlich nie verschwinden; denn sie stellt Energie vor. Es gibt aber (s. Kap. VII) nur Bewegungsenergie. Es kann sich also nur darum handeln, daß die Bewegung der Ätherteilchen aus diesen abfließt und etwa als Wärme in die Moleküle der Umgebung übertritt. Demnach kann das Licht „Bewegung" sein. Die Überlegung erklärte also die als „Interferenzerscheinung" bekannten Farben dünner Blättchen. Daß aber diese Erscheinung nur an sehr dünnen Blättchen auftritt, läßt

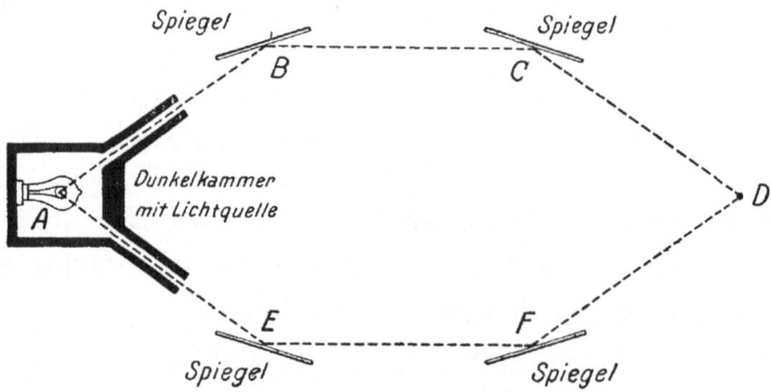

Abb. 12. Ableitung zweier interferierender Farbstrahlen aus einer irdischen Lichtquelle.

sich schon nicht mehr so ungezwungen einsehen. Und überhaupt ist der Beweis für die Nichtstofflichkeit doch nicht einwandfrei.

Für uns ist nun dieser Versuch von Bedeutung. Wir verallgemeinern die ihm zugrunde liegende Idee (Abb. 12). Wenn von einem leuchtenden Punkt A aus zwei Lichtstrahlen abgesondert werden, wenn sie ferner auf verschiedenen Wegen $ABCD$ und $AEFD$ wieder zu einem und demselben Punkt D hingeleitet werden, — dann muß nach der Äthertheorie in D die eben besprochene Erscheinung der

Interferenz eintreten. Ist A eine rote Lichtquelle, so kann in D entweder rot oder Dunkelheit vorhanden sein. Ist aber in A eine weiße Lichtquelle, so ändert sich an der eben ausgesprochenen Bedingung nichts, d. h. die im weißen Licht enthaltenen roten Strahlen können sich in D zu Rot ergänzen oder auch gegenseitig auslöschen. Im letzteren Fall fehlt dem Licht in D die rote Farbe, man erhält dort jene Farbe, die von Weiß übrigbleibt, wenn Rot fehlt; also ungefähr Grünblau. Ist die Ölschicht überall gleich dick, so sieht man überall Grünblau. Erscheinen — umgekehrt — verschiedene Farben an verschiedenen Stellen, so schließt man leicht, daß die Ölschicht eben ungleich dick ist.

Die erste Auslöschung tritt ein, wenn der Wegunterschied zwischen den beiden interferierenden (d. h. zusammenwirkenden) Lichtstrahlen eine halbe Wellenlänge ist. Dann trifft nämlich der Berg der einen Welle auf das Tal der anderen und umgekehrt (Abb. 11). Ist der Wegunterschied eine ganze Wellenlänge, so werden sich die beiden Wellen zu einer stärkeren Welle gleicher Art ergänzen. Ist der Wegunterschied drei halbe Wellenlängen, so liegen die Bedingungen wie beim Unterschied von einer halben Wellenlänge: Aufhebung.

Auf Grund solcher Betrachtungen fand Young als erster die Wellenlängen der verschiedenen Farben des Lichtes. Es ist interessant, zu bemerken, daß er dabei gar kein neues Experiment anstellen mußte. Er hatte nur nötig, die ganz sorgfältigen Messungen und Beobachtungen von Newton aus dem Jahre 1680 von seinem Standpunkt aus zu deuten. So ergab sich für die Anzahl der Hin- und Hergänge der verschiedenen Farben pro Sekunde, also für die

Schwingungszahlen:

Rot . . . . 500 Billionen
Orange . . . . 532 ,,
Gelb . . . . 562 ,,
Grün . . . . 595 ,,
Blau . . . . 653 ,,
Violett . . . . 733 ,,

Diese Zahlen sind aus den Wellenlängen zu berechnen, die sich unmittelbar durch die Interferenzbeobachtung ergeben. Die Wellenlängen sind von 4,23 Millionstel Zentimeter bis 6,2 Millionstel Zentimeter gefunden worden. Dies alles bezieht sich auf das „sichtbare Licht". Für uns ist nun der folgende Umstand von großer Bedeutung:

Denken wir uns in Abb. 12 die Wege *ABCD* und *AEFD* gleich lang; dann tritt offenbar keine Interferenz auf. Die Strahlen fügen sich ohne besondere Erscheinung wieder zusammen. Wenn sich nun die beiden Wege *ABCD* und *AEFD* nur um eine ganz außerordentlich kleine Strecke unterscheiden, so muß schon eine Änderung zu bemerken sein, es muß eine Interferenz auftreten. Eine halbe kleinste Wellenlänge, also der Betrag von nur 2 Millionstel Zentimeter Wegunterschied wird sich also in leicht bemerkbarer Weise äußern! Man begreift, daß es kein Mittel gibt, so kleine Entfernungen besser zu messen, als daß man sie zur Hervorbringung von Interferenzen verwendet. Die Interferenzerscheinungen gehören zu den allerfeinsten Meßmöglichkeiten, über welche die Physik verfügt.

Die Erklärung, welche Thomas Young im Jahre 1800 für die Erscheinung der Interferenz geben konnte, machte der Newtonschen Emissionstheorie ein Ende. Eben solche Interferenzerscheinungen waren es auch, die seither Material beigebracht haben zur Aufstellung der R.-T. und zu einer argen Erschütterung des Ansehens der Äthertheorie. Es handelte sich dabei um folgende Gedanken:

Angenommen, das Wesen des Lichtes seien Ätherschwingungen; welchen Einfluß hat 1. die Bewegung der Lichtquelle im Raum, 2. die Bewegung des Beobachters im Raum auf die optischen Erscheinungen? Wird der Äther rings um eine irdische Lichtquelle von der Erde auf ihrer Bahn mitgerissen? Wird der Äther im Inneren von schnell bewegten durchsichtigen Stoffen von der Bewegung dieser Stoffe beeinflußt? Oder bleibt der Äther von solchen Bewegungen unbeeinflußt? Haben Bewegungen der Weltkörper auf das Sternenlicht einen Einfluß? Angenommen, der Äther sei in Ruhe: läßt sich die relative Bewegung der Erde in diesem ruhenden Äther nachweisen? (Ätherorkan.)

Entweder ist der Äther ein Stoff — oder er ist kein Stoff. Im ersteren Fall können wir die Ätherfrage physikalisch weiter besprechen; wer aber auf dem Standpunkt steht, daß der Äther kein Stoff sei, für den schalten physikalische Betrachtungen aus. Indessen — wir sollen keine modernen Dogmatiker und Scholastiker werden, sondern die Frage natürlich und kritisch betrachten. Wenn der Äther zwar „Stoff" ist aber dennoch nicht die üblichen Eigenschaften des Stoffes zeigt, so ist dies doch noch kein Grund, einen solchen Äther abzulehnen. Wenn also z. B., wie man aus dem Fehlen einer Lichtbrechung im Raume schließen kann, der behauptete Äther die Dichte Null hat; so kann man dagegen sagen: dies ist eine rein praktische Null, die vielleicht in Wahrheit die Zahl 10 hoch minus 6 ist. Hat doch der russische Chemiker D. I. Mendelejeff den Äther für ein Element gehalten, dessen Atomgewicht ein Millionstel sein sollte. Dagegen läßt sich, als einer möglichen Annahme, nichts sagen. Auch wenn darauf hingewiesen wird, daß sich keinerlei Wirkung der Schwere des Äthers gezeigt habe, kann erwidert werden, daß die Schwere vermutlich nur eine Eigenschaft jener Stoffart ist, die in bestimmter Verdichtung vorhanden ist. Es wäre ja möglich, daß die Ätherteilchen als eine Art immerwährender Verdunstung des Stoffes aus den Sonnen strömen, falls diese eine gewisse Temperatur überschreiten. Es könnte sein, daß für Teilchen von gewisser Kleinheit auch keinerlei Lichtdruck vorhanden ist, so daß diese sich völlig passiv in bezug auf Schwere und Lichtdruck verhalten. Kurzum: vielerlei Möglichkeiten sind vorhanden, aus denen sich schließen läßt, daß es wohl denkbar ist, es gebe einen Äther, aber er sei uns bis jetzt, wegen der ungenügenden Hilfsmittel, entgangen.

Indessen muß gegenüber diesen Überlegungen doch darauf hingewiesen werden, daß man auf solche Weise die Möglichkeit der Existenz von irgendwelchen Dingen erzählen kann. Es ließe sich z. B. mit gleichem Recht sagen, daß wir zwar den Teufel nicht gesehen haben, daß aber gewisse Erscheinungen usw.

Die Behauptung, daß die Ätherhypothese eben notwendig sei, kommt mir immer so vor, wie die bekannte alte Meinung, daß der Staat Österreich, wenn er nicht schon da wäre, erfunden werden müßte! So scheint es wohl, daß der Äthergedanke, wenn er nicht schon da wäre, unbedingt erfunden werden sollte. Aber ich glaube, daß in beiden Fällen, nämlich in der österreichischen wie in der Ätherfrage, diese Anschauung ein Irrtum und ein Vorurteil ist. Weder das eine noch das andere ist notwendig für die Menschheit, für die Welt. Aber — und das war wohl die unheilvolle Verwechslung! — es war bequem.

Stoff sein bedeutet bisher: schwer und träge sein.

Beides bedingt, daß sich der Stoff anhäuft und zu Nebeln und Sonnen verdichtet, sowie, daß dieser Weltstoff in verschiedenerlei Bewegung begriffen ist: Kreiselbewegung der Teilchen um ihre eigenen Achsen und planetarische Bewegungen um ein „regierendes Zentrum". Nichts von alledem ist beim Äther nachgewiesen.

Stellt man die Reihe der Stoffanhäufungen zusammen:

> Welt
>
> Nebel
>
> Milchstraße
>
> Sonne
>
> Molekül
>
> Atom
>
> Elektron
>
> Kern

so kann man sehr wohl sagen, daß sich an der unteren Grenze die Elementarteilchen des Äthers anfügen lassen. Und daß der Äther, wie dies ja schon behauptet wurde, das Urelement sei. Man kann solche Überlegungen noch vertiefen, indem man diesen Ur-Grundstoff als den beständigen Jungbrunnen der Materie ansieht, die Materie selber als eine Form des Werdeganges zwischen dem Stadium des Aufbaues aus dem Äther und der Vernichtung (oder Zerfall, Zerstäubung) bis zur Ätherform. Der sichtbare und tastbare Stoff der Welt ist ja in Wahrheit auch nicht jene einfache, brutale und plastische Realität, als die er dem Auge und dem Tastgefühl erscheint und sich dem Geist des naiven Naturforschers darbietet. Sondern diese Materie erweist sich als höchst kompliziert zusammengesetzt, ist geradezu ein Wunderwerk der Architektur. Die Materie, z. B. ein Stück Eisen, das ich vor mir sehe, ist eher eine Wirkung verborgener Ursachen, denn ein unmittelbares

Etwas. Je näher man ihr, der Materie, zu Leibe rückt (wenn es erlaubt ist, dies zu sagen), desto mehr erweist sie sich als nicht real. Noch vor 20 Jahren galten die Atome als solide Kügelchen von unveränderlicher Größe und Schwere. Und wenn jemand, wie der Verfasser dieser Schrift, sich erlaubte, an der Unveränderlichkeit der Atome zu zweifeln und das Atom als zusammengesetzt annahm, so erschien dies dem scholastischen Denken der Physiker als eine „Verletzung des Gesetzes von der Erhaltung der Materie"! Heute sind wir glücklich dahin gelangt, ein Atom als ein Ding anzusehen, das hauptsächlich einen leeren Raum (etwa wie der Raum des Sonnensystems) vorstellt; in diesem leeren Raum denken wir uns einige Elektronen um einen Kern kreisend. (S. oben S. 36.) Nichts hindert uns, anzunehmen, daß das Elektron selber ebenfalls diesen Bau zeigen würde, wenn man ihm „zu Leibe" rückte; ein leerer Raum, in welchem sich einzelne kleinste Teilchen befinden, deren Wirkung das Elektron ausmacht. Diese neuerlichen kleinsten Teilchen, z. B. Lichtpunkte genannt, könnten wieder so gebaut sein: in einem Raum, der wesentlich leer ist, treiben sich einige Teilchen herum usw. Solchermaßen rückt das kompakt Materielle Schritt für Schritt zurück; der sichtbare und tastbare Körper ist Wirkung der Moleküle, die selber eine Wirkung der Atome vorstellen. Die Atome sind Auswirkungen der Elektronen.

Will man nun in diesem hübschen Gedankenspiel dem Äther eine Rolle zuweisen, so kann man dies sehr wohl. Man sieht aber leicht, daß er seine Stellung an der äußeren Grenze dieser Gedankenkette haben wird; so erweist sich die Frage nach dem Äther als eine der sog. letzten Fragen der Physik. Gewiß ist die Anglegenheit nicht so wichtig wie manche andre letzte Frage: woher kommt das Leben, wie entsteht eine Empfindung? — Aber dies hat das Ätherproblem mit solchen „letzten Fragen" gemein: wir erkennen bei kritischer Betrachtung, daß wir nicht hoffen dürfen, eine Lösung zu finden. Wenigstens nicht auf diesem Wege der reinen Betrachtung. Die kosmologischen Überlegungen, die uns das Sein der Welt als ein Werden und Vergehen der Materie aus Äther zu Äther ergeben — Grübeleien über den Bau der Elektronen usw. vermögen uns keinen Aufschluß über die Frage zu geben: ob der Äther eine Wirklichkeit ist oder nicht.

Man kann aber die Frage anders anpacken. Wir können versuchen, ein solches Bild der Welt zu zeichnen, das den Äther nicht benützt; das ihm keinen Platz einräumen muß in den Betrachtungen. Das kann natürlich, wenn man es offen sagt, nichts anderes bedeuten, als das Zurückgehen auf die alte Meinung, daß jegliche Wirkung von der Art des Stoßes ist. Daß also z. B. das Licht eine Ausstrahlung stofflicher Art ist. Natürlich wäre die Vorstellung an und für sich gewiß vernünftig. Aber sie erklärt bekanntlich die wirklichen Erscheinungen nicht oder nur sehr „gezwungen". Sonach würde es sich darum handeln, den Gedanken auszubauen. Ein solcher Ausbau erscheint nicht unmöglich; die „Lichtquanten-Hypothese" von Max Planck muß als ein solcher Versuch betrachtet werden, mag auch Planck selber dies nicht zugeben. Das wesentliche Neue, was hinzu kommen müßte, um die Gedanken Newtons wieder lebensfähig zu machen, müßte eine solche Vorstellung sein, aus der heraus wir den ausgeschleuderten Lichtquanten einen periodischen Charakter zubilligen können. Es gibt ja nicht Licht schlechthin, wie es bekanntlich keine „Bäume" im allgemeinen gibt, nur Apfelbäume oder Birnbäume usw.; so gibt es nur Farbenstrahlen. Jede Farbe wird nun in der Äthertheorie durch eine Schwingungszahl bezeichnet: rotes Licht bedeutet 500 Billionen Schwingungen in der Sekunde. Es liegt nun nahe, wenn man zur „Emission" zurückkehrt, anzunehmen, daß die Lichtquelle nicht beständig (kontinuierlich) den Lichtstoff ausstrahlt, sondern ihn intermittierend, wie bei vulkanischen Eruptionen, ausspritzt. Hier läge eine Möglichkeit, die Zahl der Emissionen der Lichtpunkte pro Sekunde an die Stelle der Schwingungszahl treten zu lassen. Auf solche oder ähnliche Weise wird es wohl möglich sein, die natürlichere Stofftheorie in der Lehre vom Licht wieder einzuführen. Wir sind freilich, wie schon S. 47 erwähnt, noch weit davon entfernt, diese Entwicklung als abgeschlossen betrachten zu dürfen. Sie ist aber heute schon im Werden.

Die R.-T. hat in ihrer heutigen Gestalt noch keine scharfe Stellung zum Äther genommen. Wie sich aus dem folgenden Kapitel ergibt, braucht man den Äther nicht, um die grundlegenden Beziehungen abzuleiten. Daraus kann man nicht schon folgern, daß der Äther in der R.-T. als Unsinn gelten muß. Aber wir sind doch froh, ein Stück Physik zu haben, in dem wir ohne Äther auskommen.

IV. Drei Tatsachen — drei Widersprüche.

Blickt man aus einem fahrenden Zug in die Umgebung, so sieht man, wie sie „vorüberfliegt". Die Gegenstände verändern ihre gegenseitige Lage, der Anblick wechselt. Je weiter die betrachteten Körper von uns entfernt sind, desto langsamer tritt diese relative Bewegung in die Erscheinung, und je schneller wir uns bewegen, desto rascher bemerkt man die Verschiebung. Da wir mit der Sonne durch die Welt reisen, und anderseits auch jährlich um die Sonne selber laufen, sollte sich diese Erscheinung am Himmel bemerkbar machen. Wir müßten zweierlei Veränderungen im Anblick der Sterne erkennen: eine jährliche periodische Verschiebung des Anblicks der Welt und eine stets zunehmende weitere Verschiebung der Gestirne. Für die letztere Veränderung hat man Anzeichen gefunden, aus denen man dann jenen Betrag von 20 km/sec erschloß, der heute allgemein angenommen wird als ungefähre Geschwindigkeit unseres Sonnensystems gegen den Herkules zu. Von der jährlichen Veränderung des Himmels hatte noch Kepler nichts entdecken können. Das war lange Jahrzehnte hindurch für die Anhänger der Lehre des Kopernikus eine bittere Sache. Auch heute noch ist es nicht möglich, die Drehung der Erde um die Sonne durch eine periodische Änderung im Anblick des Himmels nachzuweisen. Daraus folgt aber nur, daß die Sterne sicher zu weit entfernt sind, als daß sie bei einer Kreisbewegung von nur 300 Millionen Kilometer Durchmesser ihre relative Stellung zu uns ändern würden.

Auf der Suche nach dieser jährlichen Veränderung der Sternbilder fand der englische Astronom James Bradley im Jahre 1728 eine eigentümliche Tatsache. Es verschob sich zwar nicht der Anblick der Sterne, nicht ihre relative Anordnung, aber jeder einzelne Stern machte im Laufe eines Jahres eine Bewegung auf einer geschlossenen Linie durch. Bradley beobachtete den Stern Gamma im Drachen. Er fand eine ungefähr kreisförmige Bahn von fast 40 Sekunden Durchmesser. Alle Sterne in der Nähe des Weltpoles zeigten diese Bewegung, weiter abstehende ließen eine elliptische Bahn vom gleichen Durchmesser erkennen. Bradleys Erklärung, dieselbe, welche auch heute noch allgemein gilt, ist die folgende:

Während der Lichtstrahl durch das Fernrohr des Beobachters eilt, bewegt sich dieses Fernrohr mit der Erde auf ihrer Bahn um die Sonne vorwärts (Abb. 13). Wir veranschaulichen uns den Vorgang am besten mit einem Modell. Eine Kugel (das Licht) tritt bei A in den bewegten Wagen (die Erde mit dem Fernrohr). Einen Augenblick nach dem Eintritt sehen wir, daß die Kugel sich im Fahrzeug weiter bewegt hat, während das Fahrzeug selber sich verschoben hat. Diese letztere Verschiebung ist relativ zu einer als ruhend gedachten Umgebung zu verstehen. Die Kugel hat sich dann relativ zum Fahrzeug verschoben und diese Verschiebung hält gleichmäßig an, wenn sich das Fahrzeug selber gleichmäßig bewegt. Denken wir uns, die Kugel durchschlägt die Wand in A und später, beim Verlassen des Fahrzeuges, die entgegengesetzte Wand in E.

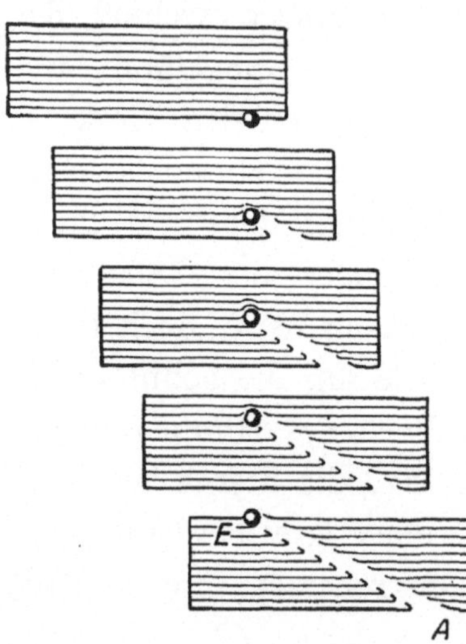

Abb. 13. Die Aberration vom Standpunkt der Stofftheorie oder eines ruhenden Äthers. (Mechanisches Modell.)

Wir nehmen dabei an, daß die Luft im Wagen auf die Bewegung der Kugel keinen Einfluß hatte. Sucht dann der mitfahrende Beobachter den Schützen, so wird er Eintritt und Austritt verbinden und den Übeltäter — in einer falschen Richtung suchen! Dieselbe Erscheinung tritt ein, wenn ein Jäger auf einen Hasen schießen will, der ihm quer über den Weg läuft: der Schütze muß das Gewehr in der Richtung der Bewegung des Hasen ablenken. Bradley selber berichtet, daß ihm das Verständnis der Sternabweichung gekommen sei, als er eines Tages über die Themse fuhr und dabei bemerkte, daß die Richtung des Windes während der Überfahrt eine andere zu sein schien, als vorher am Ufer.

Unsere Rede- und Denkweise ist „absolut". Wir haben oben gesagt: „Während der Lichtstrahl durch das Fernrohr des Beobachters eilt, bewegt sich dieses mit der Erde auf ihrer Bahn um die Sonne vorwärts." In bezug auf was wird diese Bewegung aufgefaßt? Doch wohl in bezug auf einen soliden Weltraum. Das kommt darauf hinaus, daß wir einen ruhenden Äther annehmen. Die Aberration der Fixsterne läßt sich unter der Annahme eines ruhenden Äthers ohne weiters begreifen. Der Äther im Fernrohr nimmt eben an der Bewegung der Erde nicht teil. Es ist wichtig, sich das Gegenteil auszumalen (Abb. 14). Nehmen wir an, der Äther nehme teil an der Bewegung der Erde. Dann wird sich der Lichtstrahl von A aus in unveränderter Richtung ausbreiten, es wird keine Aberration auftreten. Denn die Verschiebung A—A' ist bei der geringen Geschwindigkeit der Erdbewegung gegenüber der Lichtbewegung unbemerkbar.

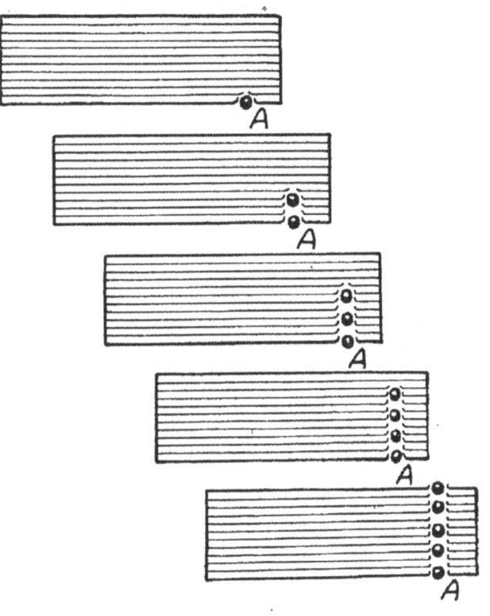

Abb. 14. Die Aberration vom Standpunkt des mitgeführten Äthers.

Anders, wenn wir uns auf den Boden der Stofftheorie stellen. Nehmen wir also an, das Licht sei ein Stoff, aus feinen Teilchen bestehend, die bei A (Abb. 15)[1]) ein-

---

[1]) Siehe auch Abb. 16.

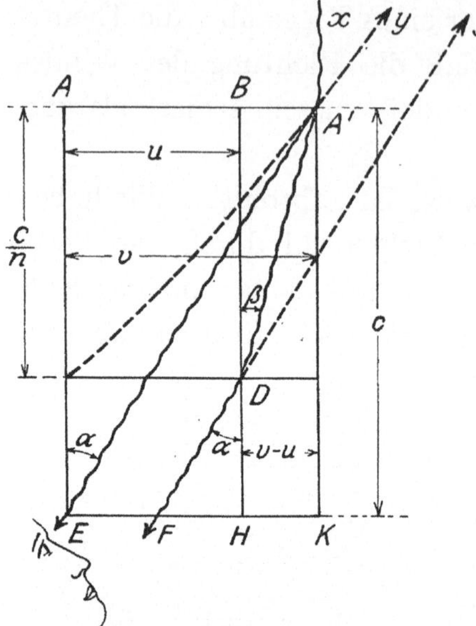

Abb. 15. $A\,A'KE$ ist das Fernrohr mit Luft, $ABDC$ ist ein Fernrohr mit Wasserfüllung.

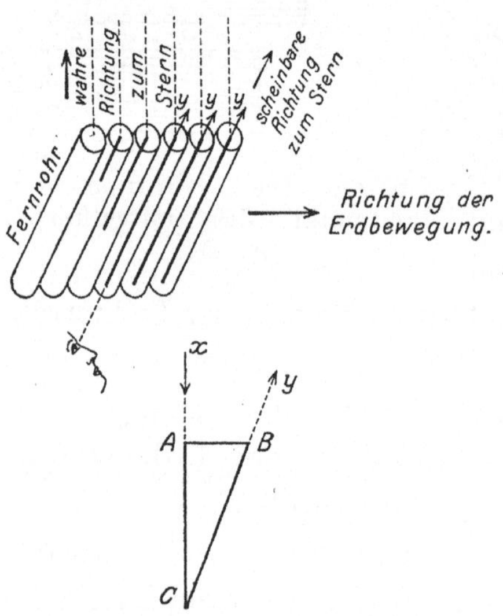

Abb. 16. $AB = 30$ km/sec, $AC = 300\,000$ km/sec. Aberration $= 30 : 300\,000 = 10^{-4}$.

treten. B r a d l e y selber faßte die Erscheinung in diesem Sinne, also im Geiste N e w t o n s, auf. Dieser Stoff gehe durch das Fernrohr (und überhaupt auch durch die ganze irdische Lufthülle) ohne beeinflußt zu werden. Dann kommt genau die Erscheinung zustande, wie wir sie Abb. 13 verstanden haben. Stofftheorie und Ätherruhe führen also beide zum Verständnis dieser Tatsache der Aberration. Nimmt man aber ferner an, daß der Stoff „Licht" beim Durchgang durch das Fernrohr von der darin enthaltenen Luft teilweise mitgerissen wird, so entsteht (Abb. 15) eine kleinere Aberration, als wir sie wirklich beobachten. Daher werden wir es ablehnen, eine Mitführung des Lichtes zuzugeben. Dadurch wird aber die Stofftheorie überhaupt wankend. Denn ein Stoff sollte wohl vom Stoff der Luft merkbar mitgerissen werden. Immerhin: wir haben es hier nur mit Wahrscheinlichkeiten zu tun. Sind die Lichtteilchen sehr klein, so ist es ja möglich, daß Gesetze gelten, die von den uns bekannten der „groben Mechanik" abweichend sind. Aber die geschichtliche Entwicklung hat jedenfalls gezeigt, daß diese und ähnliche Überlegungen mit der Zeit zur Ablehnung der Stofftheorie führten. Eine nüchterne Betrachtung lehrt freilich, daß im Grunde keine entscheidende Widerlegung der Stofftheorie gelungen ist. (Siehe oben S. 45.) Das liegt daran, daß wir mit dieser Frage auf die Kernfrage stoßen: Was ist der Stoff?

Stellen wir uns aber auf den Standpunkt: Licht ist Ätherbewegung, so folgt aus der Aberration, daß der Äther nicht Teil hat an der Erdbewegung. Er ruht im Weltraum.

Wenden wir uns zur zweiten Tatsache. Der schottische Astronom Airy (1801—1892) fand, daß die Aberration gleich bleibt, wenn man das Fernrohr mit einem anderen durchsichtigen Stoff füllt, als Luft; z. B. mit Wasser. Dieser nicht immer richtig gewürdigte Versuch ist von großer Bedeutung. Die Tatsache selber ist zwar nicht genügend gut durch moderne Versuche erhärtet. Doch wird sie von den heutigen Physikern als wahr angenommen. Wie können wir sie verstehen?

In Abb. 15 bedeutet zunächst $AA'EK$ das luftgefüllte Fernrohr. Ein Lichtstrahl tritt bei A ein und während er nach E läuft, verschiebt sich das Rohr infolge der Erdbewegung nach rechts, so daß der Eintrittspunkt nach A' kommt, wenn der Kopf des Lichtstrahls in E ist. Nach üblicher Auffassung, die aber keineswegs einwandfrei ist, erklären wir nun: wir sehen das Licht aus der Richtung

$A'E$ kommen. Der Winkel zwischen AE und $A'E$ ist die Aberration. Dabei ist der Äther als ruhend gedacht.

Füllen wir das Fernrohr mit Wasser. Die Fortpflanzungsgeschwindigkeit des Lichtes beträgt darin nur $^2/_3$ von derjenigen in Luft. In der selben Zeit, da das Licht vorher bis E kam, wird es nun nur bis C gelangen. Wir nehmen nun der Einfachheit halber das neue Fernrohr, das wassergefüllte, nur bis C reichend an; also kürzer. Wenn der Äther wirklich in Ruhe wäre, müßte sich die größere Aberration ACA' zeigen! Aber nach Airy ist die Aberration gleichgroß! Also steht die zweite Tatsache mit der Auslegung, die wir der ersten gaben, im Widerspruch! Wir müssen annehmen, daß das Licht mitgerissen wird. Behalten wir im Auge, daß die wirkliche Aberration, entsprechend der zweiten Tatsache, der Winkel AEA' ist; es gilt, diese Tatsache zu erklären. Würde der Äther vollständig mitgerissen werden, so müßte der Stern in der Richtung KA' zu sehen sein. Das stimmt nicht. Da nun der Äther, nach unserer zweiten Tatsache, weder ruhen kann, noch auch vollständig mitgerissen werden kann, so bleibt nichts anderes übrig, als anzunehmen, daß er eben teilweise mitgeführt wird. Wir müssen diese teilweise Mitführung so einrichten und zurechtdenken, daß sie uns gibt, was wir erwarten. Die Mitführung des Lichtäthers innerhalb des bewegten Fernrohres sei also CD. Das will sagen: während das Licht sich im Fernrohr vorwärts bewegt, gegen das Auge des Beobachters hin, vom Punkte A ausgehend, bleibt es nicht „absolut" in gleicher Lage im Raum, sondern es wird nach rechts geschoben. Bei D tritt es aus und wird nun beim Übertritt in die Luft vom Lot gebrochen. DF ist die Richtung dieses gebrochenen Strahles, der nun erst in das Auge eintritt. Dieser Strahl muß zu

A'E parallel sein. Eine Rechnung (siehe Anhang) führt leicht zur Erkenntnis, wie groß die „Mitführung" ist:

$$u = v\left(1 - \frac{1}{n^2}\right),$$

wobei *v* die Erdgeschwindigkeit und *c* die Lichtgeschwindigkeit ist.

Dritte Tatsache: Der berühmte Versuch von Michelson und Morley vom Jahre 1881. Angenommen, Licht sei ein Schwingungszustand im Äther. Dieser Äther sei in Ruhe. In diesem ruhenden Äther bewegen wir uns. Alle Sterne, die Sonne und alle Planeten laufen durch diesen Äther. Der Äther durchdringt die Poren der Körper und setzt dem Stoff bei seinen Bewegungen keinen bemerkbaren Widerstand entgegen. Fährt man im Auto mit großer Geschwindigkeit dahin, so fühlt man einen „relativen Wind". Ebenso muß in bezug auf einen ruhenden Äther ein Orkan vorhanden sein. Wir fahren mit 30 km/sec durch den Äther, wenn wir auf unsere Bahn in bezug auf die Sonne achten. Erzeugen wir auf der Erde Licht, so wird dieses sofort vom Standpunkt der Theorie eines Äthers in Schwingungen des Äthers übergeführt. Welchen Einfluß hat die Erdbewegung auf diese Schwingungen?

Von einem Boot *A* aus soll ein Schwimmer *I* zu einem anderen Boot *B* schwimmen, dann umkehren und zu *A* zurückkommen. Ein zweiter Schwimmer *II* soll zu einem genau gleich weit entfernt liegenden Boot *C* schwimmen und dann ebenfalls umkehren. Wenn die beiden Schwimmer gleich schnell schwimmen können, folgt ohne weiteres, daß sie auch zu gleicher Zeit wieder beim Mutterboot *A* sein werden.

Nun denken wir uns, daß (Abb. 17a) die Boote ein einziges Ganzes bilden, das sich im Wasser mit einer gewissen

Geschwindigkeit v vorwärts bewegt. In der Figur sind Verbindungsstangen angedeutet, die bewirken sollen, daß keines der drei Boote schneller fahren kann als ein anderes. Wieder machen wir den Versuch mit den zwei Schwimmern.

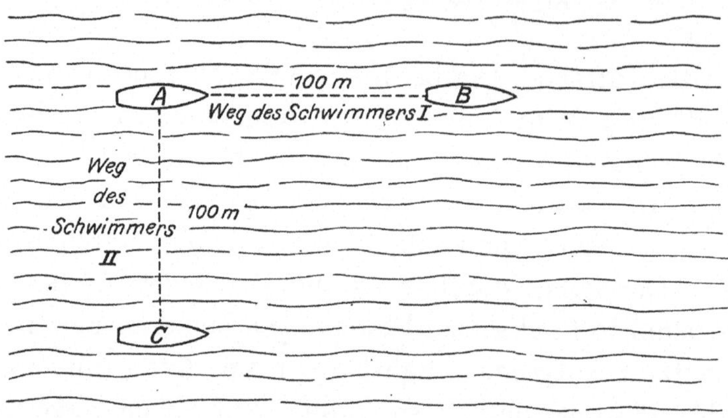

Abb. 17a. Versuch von Michelson und Morley.

Beide haben es nun mit einer relativen Strömung zu tun. Es käme ja auch ganz auf das gleiche heraus, wenn wir annehmen wollten, die drei Boote seien verankert und liegen

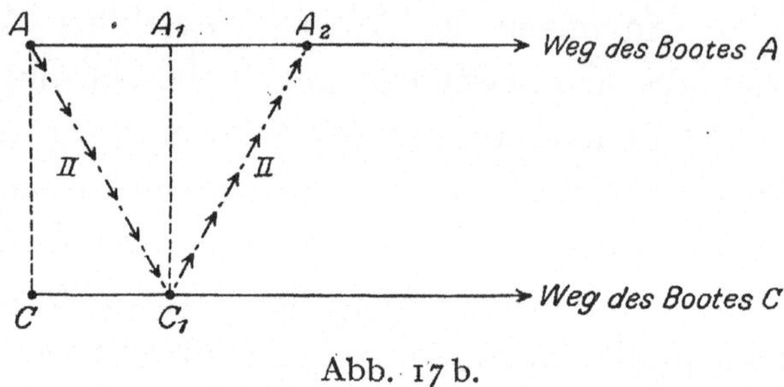

Abb. 17b.

in einem Flusse, dessen Wasser die Geschwindigkeit v zeige. (K. R.-P.!) Um die Vorstellung an einfache Zahlen zu binden, nehmen wir an, die Boote seien genau 100 m voneinander entfernt und die Schwimmer hätten beide die

Geschwindigkeit von 4 m/sec. Es ist klar, daß sie dann beide für den Hin- und Rückweg bei ruhenden Booten 50 Sekunden brauchen (ein Zeitverlust beim Umkehren ist hier nicht in Betracht gezogen).

Bewegt sich aber die Gruppe der drei Boote mit 1 m/sec vorwärts (oder herrscht eine solche Strömung bei verankerten Booten), so wird sich diese Zeit für beide Schwimmer etwas verlängern. Die Rechnung (s. Anhang) ergibt

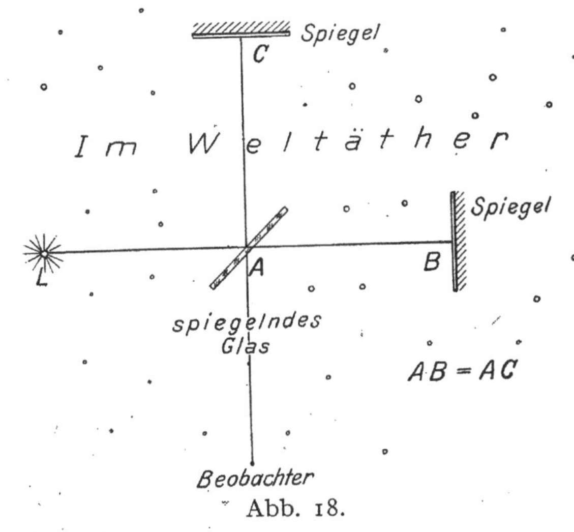

Abb. 18.

für den Schwimmer *I*, der in der Richtung der Bootbewegung und verkehrt zu ihr schwimmen muß, den Betrag von 53,33 Sekunden. Der andere, der senkrecht zur Bootbewegung hin und zurück schwimmen muß, braucht 51,66 Sekunden. Umgekehrt kann man aus einer solchen Beobachtung einer Zeitdifferenz einen Schluß machen auf die Bewegung des Bootes oder des Wassers. (Also auf eine relative Bewegung.)

Der Versuch von Michelson und Morley ist eine Übertragung dieser Gedanken auf die Optik (Abb. 18).

Von *L* aus geht ein Lichtstrahl zu einem Spiegel *A*, wird dort teils durchgelassen, teils zurückgeworfen. Die Richtung *LA* ist die Bewegungsrichtung der Erde im Weltraum. (Hinter dieser Bemerkung steckt wieder das unwillkürliche Denken an einen absoluten Raum und an einen ruhenden Äther in demselben, oder an feste absolute Achsen.) Die Wege *AB* und *AC* sind gleich. Wenn nun alle mechanischen Betrachtungen, wie wir sie mittels des Bildes von den beiden Schwimmern gefunden haben, auch hier zutreffen, so wird das Licht eben auch verschiedene Zeiten brauchen, um die gleichen Wege *AB* und *AC* zurückzulegen, weil ja die Erdbewegung beide Strahlen ungleich beeinflußt.

Das Experiment ist wiederholt angestellt worden und hat stets zu einem „negativen" Resultat geführt. Das Ergebnis hätte sich als eine Interferenzerscheinung zeigen sollen. Die Wellen gehen, nachdem sie von *A* gegen *B* und gegen *C* hingesendet worden sind, verschiedene Wege. Sie gelangen nach *A* nicht gleichartig zurück. In einem bestimmten Augenblick treffen sich in *A* nicht solche Wellengruppen, die von *A* zugleich (zu einem bestimmten Zeitpunkt) ausgegangen waren. Sondern in *A* treffen Wellen aufeinander, welche verschiedenen Zuständen entsprechen; daher müßten sich Interferenzen zeigen. Die Anordnung war so fein, daß sich noch der zehnte Teil der zu erwartenden Wirkung hätte zeigen sollen.

Das Experiment von Michelson und Morley ist die entscheidende Tatsache für uns. Es ist die dritte, den beiden andern durchaus widersprechende Tatsache. Denn das Ausbleiben jeder Wirkung der Erdbewegung auf das Licht läßt sich nur verstehen, wenn man annimmt, die Erde nehme eben den Äther vollständig mit sich. Um also zum Bilde zurückkehren: wenn die beiden Schwimmer gleiche Zeiten brauchen, so werden wir sagen:

A. Die Boote und das Wasser sind relativ zueinander in Ruhe;

B. weiß man aus anderen Beobachtungen, daß sich die Boote doch bewegen, so muß angenommen werden, daß sie bei ihrer Bewegung das Wasser ringsum mitnehmen, daß also die drei Boote in einem bewegten Bassin eingebaut sind, und daß der Schwimmversuch im Wasser dieses Bassins stattfindet.

Aus dem Versuch von Michelson und Morley muß, wenn es einen Äther gibt, geschlossen werden, daß entweder die Erde samt dem Äther ruht, oder, wenn sich die Erde im Weltraum bewegt, daß sie dann all ihren Äther mit sich schleppt.

Fassen wir nun die drei Tatsachen und ihre möglichst einfache Auslegung zusammen:

1. Tatsache. Die Aberration beträgt 40″ im Durchmesser.

Auslegung: der Äther der Welt ist in Ruhe.

2. Tatsache. Die Aberration ist für alle Materialien gleich.

Auslegung: der Äther wird teilweise mit der Erde bewegt.

3. Tatsache. Die Erdbewegung übt keinen Einfluß auf die Lichtbewegung aus.

Auslegung: der Äther wird vollständig mit der Erde mitgeführt.

Tatsachen widersprechen sich nicht. Es kann nur an ihrer Auslegung sein, daß Widersprüche auftreten. Also müssen wir eine andere Auslegung suchen. Dazu ist es

vor allem nötig, den Sinn der dritten Tatsache, des entscheidenden Experimentes, klar zu erfassen. Dieses Ergebnis bedeutet durchaus ein Versagen der bisherigen Anschauungen. Denn geradheraus gesagt: an einen mit der
Erde mitbewegten Äther hat doch eigentlich die Forschung
nicht geglaubt. Wohl ist der Gedanke oft aufgestellt worden.
Allein es müßten sich vielerlei Wirkungen eines solchen
mitbewegten Äthers zeigen — und es zeigen sich keine!
Als eine Art dünner Atmosphäre müßte dann jeder Planet
und Mond, müßte vor allem auch die Sonne mit einer
Schicht mitgeführten Äthers ausgestattet sein. Dann
müßten sich astronomische Strahlenbrechungen
zeigen, welche die uns bekannten in der irdischen Luft
überlagern würden (zu ihnen hinzukämen). Davon ist
nicht die geringste Spur ermittelt! Also ist die Annahme
eines mitbewegten Äthers an und für sich schon unhaltbar
(ohne jede Rücksicht auf die drei „Tatsachen"). Es bleibt
beim „Glauben" an einen ruhenden Äther. Dann ist der
Ätherorkan vorhanden — d. h. er sollte da sein. Er ist
aber nicht gefunden worden, dieser Orkan: eben das ist
das Ergebnis des Michelson-Versuches.

Noch eine andere Seite hat dieses negative Ergebnis.
Die Lichtgeschwindigkeit ist in der Richtung der Bewegung der Erde ebensogroß wie in jeder anderen Richtung.
(„In der Richtung der Bewegung" ist wieder absolutistisch
gesagt; gibt es denn eine solche Richtung?) Man kann
daher sagen: die Lichtgeschwindigkeit ist eine unveränderliche Größe in unserem Weltraum. Und ferner: eine irdische
Geschwindigkeit, zur Lichtgeschwindigkeit hinzugefügt,
ergibt keine größere Geschwindigkeit. Ebenso bleibt die
Ausbreitung des Lichtes unbeeinflußt, wenn sich die Erde
entgegengesetzt zum Licht bewegt. Das Licht pflanzt sich

ohne Rücksicht auf die Bewegung der Erde oder der Lichtquelle stets mit 300 000 km/sec fort.

Noch eine andere Betrachtung müssen wir an die dritte Tatsache knüpfen. Sie ist eines der entscheidenden Experimente, aus denen hervorgeht, daß sich die Bewegung der Erde im Weltraum nicht direkt optisch nachweisen läßt; also nicht an irgednwelchen Einflüssen, die durch die Erdbewegung auf Lichtstrahlen ausgeübt werden. (Sondern vielmehr: die Bewegung der Erde im Weltraum muß aus mechanischen Gründen erschlossen werden[1]). Wir fügen hinzu, daß es bis heute überhaupt kein Experiment gibt, das, im Gebiete der Optik oder Elektrizität die absolute Erdbewegung nachzuweisen gestattet; etwa so, wie das Foucaultsche Pendel die Drehung der Erde aufweist[2]).

Wir erklären nun: die drei Tatsachen zeigen, daß die Ätherhypothese auf schwachen Füßen steht. Viele Physiker lehnen infolgedessen den Äther völlig ab. Merkwürdigerweise wird der Äther aber vielfach geradezu gefühlsmäßig verteidigt; viele Leute werden böse, wenn man ihnen davon spricht, daß es „keinen Äther gibt". Nun muß man doch aber den Glauben an den Äther scheiden von unserem Wissen von ihm. Die Ätherwissenschaft führt auf Widersprüche. Dennoch — wer wollte verkennen, welche Schwierigkeit es hätte, ihn einfach „abzuschaffen"? Es müßte ja die Arbeit eines ganzen Jahrhunderts, nämlich seit Young, neu gemacht werden auf Grund einer anderen Hypothese. Diese mögliche andere ist aber noch in den Kinderschuhen. Es ist die Hypothese von Planck, derzufolge das Licht

---

[1]) Aber wir können in den Weltraum nur „hineinsehen", nicht tasten!

[2]) So fand Arago, daß das Spektrum eines Sternes unabhängig von der Erdbewegung ist.

aus besonderen Wirkungen von endlichen, abgegrenzten Ausmaßen bestehe. „Quanten" nennt Planck diese Lichtmengen; man könnte deutsch sagen: Lichtpunkte. Aber diese Anschauung, obschon sie ohne Zweifel genial ist und fruchtbar, ist noch weit entfernt, den Äther ersetzen zu können.

Trotz alledem: die Tage des Äthers sind gezählt! Die drei Tatsachen haben ihn unmöglich gemacht. Aber er hat seinen Dienst noch nicht getan, er ist heute noch unentbehrlich in der Optik, wir brauchen das Gängelband einer Hilfsvorstellung; der Mohr kann noch nicht gehen!

Nun wollen wir das Ergebnis dieser Widersprüche in eine einfache mathematische Form kleiden (Leser, erschrick nicht, es ist wieder ganz billig!): Bewegt sich ein Körper mit der Geschwindigkeit v nach vorwärts und sendet man von ihm aus einen Lichtstrahl mit der Geschwindigkeit c nach vorwärts, so ergibt sich die neue Geschwindigkeit des Lichtes, soweit unsere Beobachtungen auszulegen sind: nicht größer als c! Also finden wir

$$v + c = c \,.$$

Als wir das klassische R.-P. aufstellten und mathematisch ausdrückten, da haben wir gesagt: $w = u + v$; d. h. zwei Geschwindigkeiten addieren sich, wenn sie in gleicher Richtung gehen, wie zwei Zahlen. Warum auch nicht? Das schien doch klar! Denken wir an das Bild vom Eisenbahnzug. Ein Reisender geht im fahrenden Zug nach vorwärts ...

Ersetzen wir aber den Reisenden durch einen Lichtstrahl, so finden wir, indem wir die dritte Tatsache beachten, daß der Lichtstrahl im fahrenden Zug ebenso schnell läuft wie im ruhenden! Das Licht gehorcht nicht dem klassischen R.-P. Seine Ausbreitung befolgt nicht das einfache Gesetz des Addierens.

Drei Tatsachen — drei Widersprüche! So vollendet die Physik um die Wende des Jahres 1900 scheinen mochte . . . sie hatte innere Schwierigkeiten, die an den logischen Wurzeln des stolzen Baues nagten.

V. Eine Frage an die Natur.

Was bedeutet das Ergebnis des Michelson-Morley-Experimentes? An welcher Stelle unseres mechanischen Gedankengebäudes ist ein Fehler oder ein Irrtum?

Dies ist die Frage, welche wir an die Natur stellen. Genauer gesagt, fragen wir uns selber und niemand anderen! Um in den Mechanismus des Boot- und Schwimmerbildes einzudringen, denken wir uns statt des Bootes drei Zeppeline, statt der Schwimmer zwei Flieger. Das Zeppelin-System habe die Geschwindigkeit $v = 80$ km/st und die Flieger eine größere Geschwindigkeit $c = 160$ km/st, die Entfernung der Zeppeline sei 12 km. Bei ruhendem System braucht der Pilot A—B—A wie auch der andere A—C—A für die Hin- und Rückfahrt 9 Minuten. Durch die Bewegung des Systems werden beide Flieger verzögert. Die Rechnung ergibt:

In der Bewegungsrichtung $ABA = 12$ Minuten.

Quer zur Bewegungsrichtung $ACA = 10{,}4$ Minuten.

Für unsere Anwendung auf die bewegte Erde und die Übertragung des Lichtes ist die:

Systemgeschwindigkeit $v = 20$ km/sec.

Übertragungsgeschwindigkeit $c = 300\,000$ km/sec.

Führt man das Michelson-Experiment in einem Laboratorium aus, so kann man in der Entfernung (Abb. 18) $AB = AC$ vielleicht bis auf 30 m gehen. Der Hin- und

Rückweg des Lichtstrahles (der also die Schwimmer ersetzt) beträgt 30 m oder 0,03 km. Die Rechnung (s. Anhang) ergibt nun folgendes:

Um einen Weg von 60 m zurückzulegen, dazu braucht das Licht nur eine Zehnmillionstel Sekunde. Rotes Licht bedeutet, wie wir oben (S. 44) gesehen haben, Schwingungen oder periodische Erregungen irgendwelcher Art, die in der Sekunde 500 Billionen mal erfolgen. In dieser Zeit, da unser Lichtstrahl hin und her geht, finden demnach 50 Millionen Schwingungen statt, wenn es sich eben um rotes Licht handelt; aber nur, wenn die Bewegung ungestört ist.

Wird die Bewegung durch die Erdverschiebung im Sonnenraum gestört, so braucht der Längsstrahl etwas längere Zeit, als der Querstrahl; demgemäß vollführt sein Licht mehr Schwingungen. Die Rechnung zeigt, daß es dabei gerade um eine halbe Schwingung mehr pro Sekunde handelt. Der Unterschied im Bewegungszustand oder im Schwingungszustand des Lichtes ist nach dem Wiederzusammentreffen in A eine halbe Wellenlänge, also erfolgt Auslöschung. Ein Beobachter in Abb. 18 sieht nichts besonderes in A. In Wirklichkeit ereignet sich dies aber nicht! Sondern die Erfahrung zeigt, daß der Längsstrahl wie der Querstrahl gleichviel Zeit brauchen, nämlich ebensoviel wie bei ungestörter Bewegung. Es tritt keine Auslöschung auf, es verhält sich alles so, als ob die Erde in ihrem Lichtstoff, im Äther, ruhen würde. Die Erdbewegung durch den Weltraum stört den Vorgang der Lichtbewegung nicht.

Wir müssen uns diesem Ergebnis als einer Tatsache beugen, müssen versuchen, unsere Anschauungen so einzurichten, daß sie mit dem Michelson-Versuch übereinstimmen. Es gibt drei Wege, diese Erscheinung mit Hilfe neuer Vorstellungen zu erklären. Wir wollen diese Wege zunächst kurz und übersichtlich darlegen.

1. Weg. Ruhender Äther! H. A. Lorentz in Leyden. Anlehnend an einen Gedanken von Fitzgerald nehmen wir an, daß alle Körper und alle Längen bei der Bewegung durch den Äther etwas zusammengedrückt werden. Diese Zusammendrückung der Entfernung AB ist genau so groß, daß sie den errechneten Zeitverlust ausgleicht.

2. Weg. Kein Äther! W. Ritz. Das Licht (Abb. 18) besteht darin, daß aus L eine besondere Wirkung „ausgespritzt" wird. Wie etwa in einem fahrenden Eisenbahnzug ein Stein nach vorwärts geworfen wird. Die Erdbewegung stört den Lichtvorgang irdischen Ursprungs in einem leeren Weltraum nicht[1]).

3. Weg. Kein Äther! A. Einstein 1905. Da die herkömmlichen mechanischen Anschauungen bei der Erklärung des Versuches von Michelson versagen, so müssen wir den Fehler in dem Lehrgebäude unserer Gedanken suchen. Es zeigt sich, daß es möglich ist, neue Anschauungen über Raum und Zeit zu gewinnen, denen zufolge die beobachtete Wirklichkeit verständlich ist.

Der dritte Versuch, dessen Standpunkt das vorliegende Büchlein vertritt und darlegen will, ist heute als der am meisten aussichtsreiche anzusehen. Er wird auch von der Mehrzahl der Physiker angenommen. Dieser Weg der Einsteinschen Gedanken ist eine Umwälzung unserer grundlegenden Anschauungen. Er schließt die Behauptung in sich, daß in unseren dem Wortschatz des täglichen Lebens entnommenen Redewendungen wie „gleichzeitig" und „ebensolang", die wir ja in der Wissenschaft unbedenklich

---

[1]) Dieser leider zu früh verstorbene Schweizer war Gegner der R.-T.

gebraúchen, Täuschungen enthalten sind; Täuschungen, die darin ihr Wesen haben, daß angenommen wird, jenen Ausdrücken komme ein „absoluter‟ Sinn zu.

Wenn Einstein als erster den Weg beschreitet, die Längen der Strecken und Zeiten für relativ zu erklären, so ist ersichtlich H. A. Lorentz in rein formeller Hinsicht vorangegangen. Denn indem er den bewegten Längen eine andere Größe zuschreibt wie den ruhenden Stäben, so hat er eine, allerdings grobe, Relativität erkannt. Aber man darf wohl annehmen, daß H. A. Lorentz die entscheidende Anregung für Einstein war, ebenso wie das Denken der ganzen Epoche um 1900 auch von Mach angeregt worden ist.

Wir gehen nun dazu über, ein Gedankenexperiment zu besprechen, in welchem das Ergebnis des Michelson-Versuches in einer solchen Form enthalten ist, daß wir eine leichte Rechnung daran knüpfen können, welche uns die Antwort auf die an der Spitze stehende Frage bringen soll.

Dazu ist es nötig, das Ergebnis unserer bisherigen Überlegungen als einen anerkannten Grundsatz in folgender Gestalt zu prägen:

Satz II: Die Lichtgeschwindigkeit im leeren Raum ist eine unveränderliche Größe. Die Bewegung der Lichtquelle oder des Beobachters beeinflußt in keiner Weise die Ausbreitung des Lichtes, die sich stets zu 300 000 km/sec ergibt.

Wir müssen uns klar sein, daß dieser Satz durchaus gegen das K. R.-P. verstößt. Fällt ein Meteor auf die Erde, so kann man auf Grund mehrerer Beobachtungen die Geschwindigkeit beim Auftreffen ermitteln; sie sei 2 km/sec. Dann wird ein Beobachter von der Sonne aus ein anderes Ergebnis finden, weil er die Erdgeschwindigkeit noch mitberücksichtigt. Es erscheint uns als natürlich, daß zwei Beobachter, die relativ zueinander bewegt sind, einen Vorgang verschieden beurteilen. Der eine findet $v = 2$, der andere $v = 32$, und wir erkennen in dem Unterschied 30 eben die gegenseitige Bewegung der beiden Beobachter.

Das Michelson-Experiment zwingt uns aber anzunehmen, daß die beiden Beobachter, wenn sie einen Lichtstrahl betrachten, unter allen Umständen die gleiche Geschwindigkeit finden sollen. Übrigens handelt es sich dabei nicht nur um das Licht, sondern auch um elektrische Wirkungen. So hat

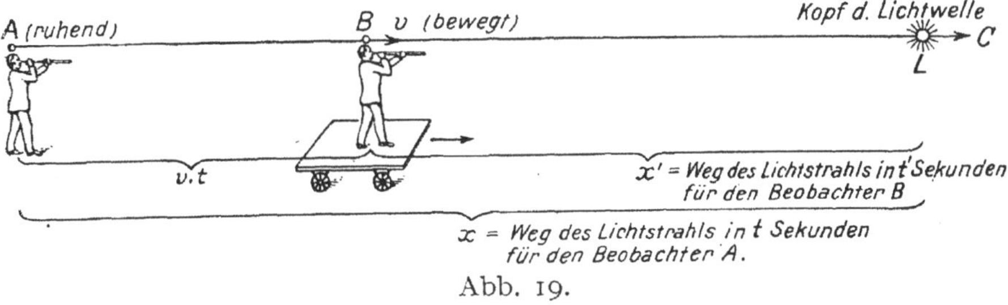

Abb. 19.

z. B. die Bewegung der Erde auch keinen Einfluß auf die Ausbreitung der Wellen für die drahtlose Telegraphie.

Nehmen wir nun an (Abb. 19 und 20), es seien an einem Ort zu einer gewissen Zeit zwei Beobachter vorhanden, und es gehe von eben diesem Ort zu eben dieser Zeit ein Lichtstrahl aus. Dieser Lichtstrahl möge auf seinem Wege nach rechts verfolgt, d. h. beobachtet werden. Die beiden Beobachter A und B sollen sich aber verschieden verhalten: A möge an seinem Orte verbleiben („absolutistische" Redensart, weil es ja doch kein Mittel gibt, dieses Verbleiben wirklich nachzuweisen!), und B wird zu gleicher Zeit, da der Lichtstrahl nach rechts abgelassen wird, diesem Lichtstrahl nachgeschickt. Reden wir etwas sorgfältiger, so müssen wir sagen: zwei Beobachter A und B sind relativ zueinander bewegt; ihre Relativgeschwindigkeit sei v. Ferner sei ein Lichtstrahl vorhanden, der sich in Raum und Zeit ausbreitet mit der Geschwindigkeit c; A und B und L waren in einem bestimmten Augenblick an einer bestimmten Stelle im Raum.

Beide Beobachter ermitteln mit Hilfe genauer Instrumente und nach anerkannt richtigen Methoden die Geschwindigkeit des vor ihnen herlaufenden Kopfes der Licht-

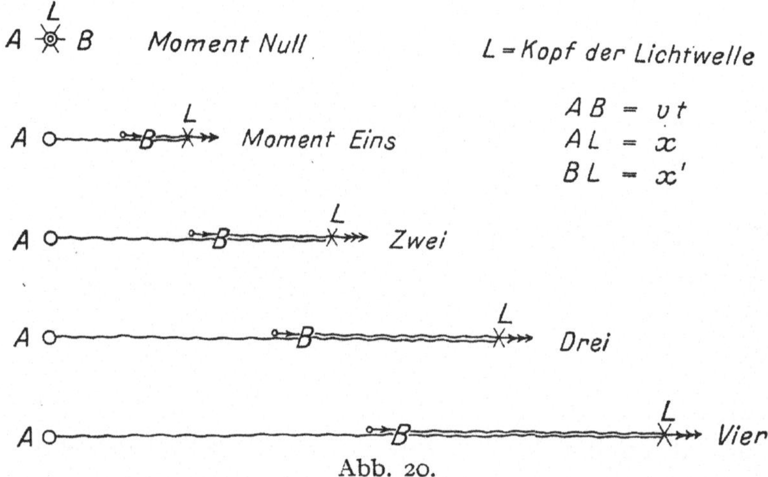

Abb. 20.

welle L. Beide finden, so nehmen wir an, dasselbe Ergebnis, nämlich c. Wir hätten aber erwartet, daß B eine geringere Geschwindigkeit finden würde, weil wir ja B sich bewegen lassen. Die Abb. 20 zeigt in einigen Bildern, wie sich B hinter dem Kopf der Lichtwelle herbewegt. Wir urteilen in hergebrachter Denkart, daß sich B stets näher zu L befindet als wie A. Daher wird der Lichtweg, von B aus gesehen, stets kleiner sein als von A aus beurteilt. Dann muß, so urteilen wir, B eine kleinere Geschwindigkeit finden als A. Wie gesagt, tatsächlich findet B dieselbe

Geschwindigkeit. Welches Geheimnis birgt hier die Natur?

Zunächst wollen wir einen rein philosophischen Schluß ziehen. Wenn wirklich B eine kleinere Geschwindigkeit fände, wie wir naiverweise erwartet hatten, so wäre damit umgekehrt ein Beweis gegeben, daß „B" es ist, der sich bewegt, und nicht A! Wir könnten dann durch diese Beobachtung entscheiden, welcher von beiden ruht, welcher bewegt ist. Wir haben aber schon die Erkenntnis gewonnen, daß sich eine solche Entscheidung in unserer wirklichen Welt nicht fällen läßt! Wir bemerken also von vornherein, daß der Grundsatz II doch nur eine folgerichtige Weiterentwicklung der schon vor Einstein vorhandenen Gedanken ist. Erinnern wir uns, was Mach über die „absolute" Bewegung gesagt hat!

Aber diese Erklärung befriedigt sozusagen nur das philosophische Reinlichkeitsbedürfnis, nicht aber auch die hergebrachte mechanistische Denkweise. Denn eben die relative Bewegung von A und B ist doch eine Tatsache, ist etwas „Absolutes", wie kann sie denn ohne Einfluß sein auf die Angabe, die A und B über L machen?

Die Beobachter A und B ermitteln die Geschwindigkeit des Lichtes. Diese Größe ist allgemein erklärt durch das Verhältnis zwischen dem Weg, den das Licht zurücklegt, und der Zeit, welche dabei verfließt.

$$\text{Geschwindigkeit} = \text{Weg} : \text{Zeit}.$$

Sehen wir uns die Abb. 20 an. Dieses Bild soll eine kinematographische Aufnahme bedeuten. In einem bestimmten Augenblick sagt sich der Beobachter A folgendes: Ich muß jetzt den Weg A—L, den ich vor mir sehe, den das Licht bis jetzt zurückgelegt hat, dividieren durch die bis jetzt verflossene Zeit. Also $AL : t$ muß ausgerechnet werden.

Im „gleichen Augenblick" sagt sich B: ich muß jetzt (der Leser blicke dabei auf die Mitte der Abb. 20) den vor mir sichtbaren Lichtweg $B-L$ dividieren durch die bis jetzt verflossene Zeit. Also $BL : t$ muß ausgerechnet werden. Es ist klar, so scheint es, wenn wir wirklich denselben Zeitpunkt ins Auge fassen, daß die beiden unmöglich dasselbe Ergebnis bekommen können. Denn wir sehen ja, daß AL größer ist als BL. Ungleiche Größen, durch dieselbe Zahl dividiert, können doch nicht gleiche Quotienten ergeben!

In Einstein hat sich das Denken einer Epoche „auskristallisiert". Er erzählte mir, daß er in der kritischen Zeit monatelang herumgelaufen sei und sich die Frage vorgelegt habe: „wo steckt hier etwas?" und „was steckt überhaupt dahinter?" Versuchen wir uns das Zeitdenken in Einsteins Hirn zu rekonstruieren. Die Mechanik hat einen „Haken". Wenn zwei Divisionen

$$AL : t \quad \text{und} \quad BL : t \quad (t \text{ bedeutet „Zeit")}$$

das gleiche Ergebnis haben, ohne daß AL und BL gleich wären, so kommt uns der Verdacht, daß eben die Größe „t", durch die wir dividieren, nicht die gleiche ist. Wie könnte das aber sein? Haben wir nicht gesagt, daß wir „einen bestimmten Augenblick" ins Auge fassen, etwa die Mitte der Abb. 20? Ist es denkbar, daß ein „bestimmter Augenblick" keine bestimmte Sache ist? Einstein hatte die Kühnheit zu sagen: „Ja, das ist möglich!" Er hat als erster den Gedanken der Gleichzeitigkeit scharf zu Ende gedacht: es gibt keine absolute Gleichzeitigkeit! Es ist ein Vorurteil zu glauben, daß die Bezeichnung „gleichzeitig" einen bestimmten Sinn habe. Wir müssen das Denken von diesem Vorurteil befreien! Was für einen Beobachter gleichzeitig ist, muß darum nicht auch „absolut" gleichzeitig sein. Es darf zugegeben werden, daß ein anderer Beobachter die Mitte der Abb. 20 als aus zwei Bildern zusammengesetzt erklärt, das eine zur Zeit t, wie A meinte, das andere aber zu einer Zeit t', wie es vielleicht B meint. Zeigen wir das Bild 20 dem Beobachter B, so wird er ohne Zweifel sagen: „Erlauben Sie, das ist falsch" und wird uns die nach seiner Meinung richtige Abb. 21 zeichnen. Dieser zufolge ist A bewegt und B ruhend. Diese Auslegung ist mit derjenigen gleichberechtigt, welche wir in Abb. 20

Abb. 21. Nach dem Urteil des B.

gaben. Sei nun die Relativgeschwindigkeit der beiden Beobachter v. Darüber, so wollen wir annehmen, sei kein Zweifel. Nennen wir weiter die Entfernung des Kopfes der Lichtwelle von A aus x, von B aus x', und zwar in einem Augenblick, der nach dem Urteil des A gleich t'' nach Beginn des Gedankenexperimentes ist. Da nun offenbar, nach bisheriger Denkweise,

$$AL = AB + BL$$

ist, so folgt auch ohne viel Mathematik, daß

$$x = x' + v \cdot t$$

ist. Nun sagt das Denken der Zeit, das in Einsteins Hirn lebendig ward: weil diese Anschauung sich mit der Erfahrung nicht verträgt, versuchen wir einen anderen Ansatz, einen anderen Zusammenhang der Größen. Vielleicht ist die Natur ein wenig anders beschaffen, als sie sich obiger Gleichung gemäß vermuten ließe. Nehmen wir die allgemeinere Form

$$x = a \cdot x' + b \cdot t$$

an. Fragen wir uns, wie müssen die vorläufig ganz unbekannten Zahlen a und b beschaffen sein, damit beide Beobachter die gleiche Geschwindigkeit finden? Dies eben ist die Frage an die Natur, um welche es sich in diesem Kapitel handelt. Erinnern wir uns nun an die Einsteinsche Entdeckung, daß t nicht notwendig für beide Beobachter dasselbe bedeuten muß. Räumen wir der Natur noch diesen Spielraum ein: möge t für A gelten für einen solchen Augenblick des allgemeinen Geschehens, der nach dem Urteil des B zur Zeit t' stattfindet. Wir verbessern also den obigen unbestimmten Ansatz und schreiben

$$\text{I)} \qquad x = a \cdot x' + b \cdot t'$$

und fassen diese Angabe folgendermaßen auf: wenn B die Entfernung x' mißt und die Zeit t' notiert, was sagt A über die Entfernung x aus?

Mit dieser Gleichung ist nun aber ein Zusammenhang zwischen Raum und Zeit verbunden. Dieser Zusammenhang wird sich verraten, wenn es uns gelingt, die noch unerkannten Größen a und b zu ermitteln.

Achten wir noch einen Augenblick auf x und $v\,t + x'$. Die geistreiche Hypothese von H. A. Lorentz, daß die Längen durch die Bewegung im Äther verkürzt werden, ergibt auch schon einen Zusammenhang zwischen den Größen x und $x' + v\,t$. Ohne Zweifel war diese Denkarbeit, vor Einstein geleistet, nötig zur Klärung des Vorurteils. Nun aber können wir noch weit über den Ansatz I hinausgehen: wir setzen einen entsprechenden Zusammenhang, wie zwischen x und x', t' auch zwischen t und t', x'., Wir fragen wieder: wie muß der Zusammenhang beschaffen sein, damit die wirklichen Vorgänge erklärt sind? Wie müssen in

$$\text{II)} \qquad t = d \cdot t' + e \cdot x'$$

sich die Zahlen d und e bestimmen? — Wir verlangen zunächst, daß der Beobachter A für sein $x : t$ dieselbe Größe c
finden soll, die Lichtgeschwindigkeit, wie der andere Beobachter für das Verhältnis $x' : t'$. Es soll und muß

$$x : t = x' : t' = c$$

sein; das ist die Grundforderung, welche sich aus dem
Michelson-Experiment ergibt. Wie können zwei Brüche
gleich sein? Wenn sie gleiche Nenner haben (t) und ungleiche Zähler (x und x'), so ist es gar nicht möglich!
Wenn sie aber Zähler und Nenner ungleich haben, so ist
dies ganz gut möglich. So sind z. B. die Brüche

$$19 : 21 \text{ und } 19{,}9 : 22 \text{ oder auch } 44 : 48{,}6 \text{ usw.}$$

gleich, obwohl alle Zähler und alle Nenner verschieden sind.
In diesem ziemlich groben Beispiel steckt ein
gutes Stück des Verständnisses für die Frage.
Unerklärlich bliebe der Vorgang, wenn $t = t'$ zu Recht
angenommen würde! Erst die Erkenntnis, daß auch die
Nenner verschieden sind, daß t und t' nicht zusammenfallende Größen sind, vermochte die verwickelte Sachlage
zu klären. Wir können also nunmehr für den Beobachter A
folgende Angaben machen: Seine Größen x und t hängen
irgendwie mit denen des B zusammen:

I) $$x = a\,x' + b\,t'$$
II) $$t = d\,t' + e\,x'.$$

Ganz die entsprechenden Bemerkungen werden wir aber
für B machen müssen. Denn seine Größen x' und t' sind
gleichberechtigt mit denen des A, und sie müssen sich nach
dem K. R.-P. in ganz der gleichen Weise darstellen lassen,
wie x und t. Denn es darf ja kein Kennzeichen
einer wirklichen Bewegung geben — wie A für B —,
so muß B für A erscheinen. Nur die Richtung der Bewegung

verändern wir sinngemäß und setzen folgende Formeln für B an:

III) $$x' = a\,x - b\,t$$

IV) $$t' = d\,t - e\,x.$$

Die Gleichung IV) können wir folgendermaßen sprechen: „die Zeit t' des Beobachters B hängt in irgendeiner Weise mit der Zeit t des A zusammen und mit dem Weg x des A.“ Die Frage des Kapitels ist: Wie hängen also Zeit und Raum zusammen? Wie groß sind die Werte a, b, d, e?

Die Ausrechnung (Anhang 6) ist nunmehr nicht mehr schwierig. Wir sparen sie uns hier und schreiben die Antwort auf die Frage her:

V) $$x = k\,x' + k\,v\,t' \qquad x' = k\,x - k\,v\,t$$

$$t = k\,t' + k\,\frac{v}{c^2}\,x' \qquad t' = k\,t - k\,\frac{v}{c^2}\,x$$

wobei

$$k = \frac{1}{\sqrt{1 - \dfrac{v^2}{c^2}}}.$$

Zunächst stellen wir fest, daß wir froh sind, überhaupt eine Antwort erhalten zu haben. Wer hätte gedacht, daß es sich wirklich so einrichten läßt, daß alles, was wir von den Größen x, x', t, t' verlangen, auch wirklich erfüllbar ist! Unsere Antwort sagt also etwa folgendes aus:

Ja, es ist ein Bild der Welt möglich, in welchem räumliche und zeitliche Entfernungen mit dem Michelson-Versuch übereinstimmen. In diesem Weltbild[1] registrieren

---

[1] Als ich die neue Anschauung in einer Zürcher Diskussion 1908 Einstein gegenüber ein „neues Weltbild“ nannte, meinte er abwehrend: „Nein, das sind ja nur mathematische Formeln.“ Inzwischen hat auch Einstein gelernt....

verschiedene Beobachter im allgemeinen auch einen verschiedenen Ablauf der Zeit und eine verschiedene Art der Ausmessung von Entfernungen. Nur wenn $v = 0$ ist, d. h., wenn sich die beiden Beobachter gegenseitig nicht bewegen, wird

$$k = 0$$
$$x' = x$$
$$t' = t$$

sein. Findet aber zwischen A und B eine relative Bewegung statt, so gelten nicht mehr die aus der klassischen Mechanik folgenden Formeln

$$x' = x - vt \quad \text{und} \quad t' = t\,.$$

Diese Formeln, welche man heute ein „Galileisystem" nennt, genügen dem Michelson-Versuch und allen bis heute bekannten ähnlichen Untersuchungen nicht mehr. An ihre Stelle treten die Formeln V, welche Einstein zu Ehren von H. A. Lorentz die „Lorentz-Transformation" genannt hat. Diese Lorentz-Formeln bilden nun den Kern des R.-P.; sie sind die Quelle der neuen Physik, die Grundlage für alle jene Rechnungen und Vorhersagungen, durch welche die R.-T. berühmt geworden ist. Da nun Einstein im Jahre 1916 durch die Aufstellung des „Allgemeinen R.-P." seine Theorie in wichtiger Weise ausgebaut hat, nennen wir die Formeln V das „Spezielle R.-P.". Das S. R.-P. sagt zunächst alles das aus, was schon das klassische enthält: es gibt keine absolute Bewegung als erkennbare physikalische Tatsache, und ebensowenig ist eine absolute Ruhe erkennbar. Die Naturgesetze fallen ganz gleich aus, ob man sie in einem vermeintlich ruhenden System oder aber in einem gleichförmig bewegten Raum ermittelt. (Billardspiel auf dem bewegten Schiff: der Spieler muß nicht neue Regeln lernen!)

Darüber hinaus setzt das S. R.-P. einen bisher ungekannten und auch ungeahnten Zusammenhang zwischen räumlichen und zeitlichen Entfernungen fest. Das S. R.-P. lautet: „Raum und Zeit sind so beschaffen, daß sie den Lorentz-Gleichungen genügen." Insbesondere gilt: sie sind keineswegs unabhänige Gebilde; sie hängen voneinander und von der wirklichen Welt ab. Denn die Lichtausbreitung ist ja eine Wirklichkeit, ohne die weder Raum noch Zeit im S. R.-P. vorhanden sind.

Es ist lehrreich zur Kenntnis zu nehmen, daß die Gleichungen, welche das moderne R.-P. ausmachen, keineswegs eine Erfindung Einsteins sind. Schon Voigt hat Raum und Zeit transformiert (1887; in den Göttinger gelehrten Nachrichten, S. 41). Ritz und H. A. Lorentz haben dieselben Zusammenhänge benützt und an der Deutung gearbeitet. H. A. Lorentz war offenbar schon sehr nahe der Lösung. Im Jahre 1904 spricht er in einer Arbeit von der „Ortszeit" eines bewegten Systems und von der schon öfter erwähnten Verkürzung eines bewegten Stabes. Aber er dachte nicht, daß die Ortszeit eine „wirkliche" Zeit sein könne, daß die verkürzte Länge die Länge schlechthin sei — denn er dachte noch, so kühn sein Denken war, unbewußt absolutistisch. Also ist Einsteins Denk-Tat in dieser Richtung vor allem zu suchen: er reinigte das Denken von gewissen Vorurteilen und wurde dadurch in die Lage versetzt, jenen in verschwommenen Umrissen schon vorhandenen Formeln einen ganz neuen Gehalt zu geben. Dies ist ein Vorgang, der sich in der Geschichte der Entwicklung menschlicher Gedanken oft zeigt: bei gleicher äußerer Gestalt besteht oft die Leistung eines Zeitalters nur darin, den erkannten Zusammenhängen eine neue Deutung zu geben.

Daß übrigens nach der Machschen Kritik das Raum- und Zeitproblem geradezu reif zur Lösung war, kann der Verfasser bestätigen, da er selber schon 1902 an dem Gedanken der „Gleichzeitigkeit" die Unmöglichkeit erkannte, unser überkommenes Begriffssystem einwandfrei darzustellen. Um angeben zu können, ob zwei Ereignisse an einem Ort A und an einem anderen Ort B gleichzeitig[1]) stattfanden, vom Standpunkt des Beobachters C aus gerechnet, muß man schon aus dem Gebiet der Mechanik herausgehen und sich irgendeiner Signalgebung bedienen, die optisch oder elektrisch ist. Blitzt an einer Stelle im Weltraum eine Nova auf (ein neuer Stern), so bemerken wir Erdenmenschen dies natürlich erst nach einiger Zeit — bis eben das Licht bei uns ist. Nehmen wir an, daß ein zweiter neuer Stern aufflamme; jemand behauptet, die beiden Sterne seien zu gleicher Zeit entstanden. Nun möge der geneigte Leser scharf aufpassen: jede Messung setzt voraus, daß wir schon imstande sind, zu vergleichen. Wenn ich die Länge einer Strecke bestimmen will, muß ich die Möglichkeit haben, zu entscheiden, ob zwei vorgelegte Längen gleich sind oder nicht. Wenn wir an die wirkliche Ausführung einer Messung denken, so fällt dies ohne weiteres auf. Wir legen den Maßstab an die Strecke und sagen „bis dahin", wo der Maßstab endigt, ist es soundso viel Meter! Um also etwas zu messen, dazu gehört zweierlei:

1. muß man die Möglichkeit und Fähigkeit haben, zu entscheiden, ob zwei vorgelegte Dinge der gleichen Art gleich groß sind;

2. muß man eine bestimmte Einheit willkürlich (und natürlich zweckmäßig) festlegen.

---

[1]) Siehe diese Frage auch Kap. VI.

Wenn wir aber sagen sollen, ob zwei Zeiten gleich sind, d. h. ob zwei Ereignisse gleichzeitig stattfanden, dann müssen wir schon vorher wissen, wie sich die Zeit überhaupt mißt. Denn die Lichtgeschwindigkeit ist Voraussetzung einer solchen Messung. Ist es mir unbekannt, daß das Licht in der Secunde einen Weg von 300 000 km zurücklegt, dann kann ich niemals sagen: jene Ereignisse sind gleichzeitig! Ich muß also schon vorher festlegen, was e i n e S e k u n d e ist, um zu entscheiden, ob zwei Vorgänge zur gleichen Zeit abliefen. Die Festlegung einer Einheit, hier der Zeiteinheit. setzt aber ihrerseits schon die Fähigkeit und Möglichkeit voraus, zu entscheiden, ob zwei Größen gleich sind. So z. B. ist die Länge des Meters aus dem Vergleich mit dem Pariser Urmeter zu entnehmen. Wer logisch denken kann, merkt hier eine Zwickmühle der Gedanken.... Der Begriff der Gleichzeitigkeit ist wohl für zwei Ereignisse am gleichen Ort ohne weiteres klar, nicht aber für Ereignisse an verschiedenen Orten des Raumes. Erst E i n s t e i n ist es gelungen, diesen wunden Punkt im Lehrgebäude der Mechanik zu klären: es gibt eben keine gleichzeitigen Ereignisse ,,an und für sich‘‘, weil die Zeit n i c h t etwas Unabhängiges im Raum ist. Sondern der Verlauf der Zeit ist vielmehr mit den räumlichen Erstreckungen u n l ö s b a r verknüpft gemäß V. . . .

Die logische Zwickmühle des Begriffes der ,,Gleichzeitigkeit‘‘ war also schon vor E i n s t e i n erkannt. Es ist merkwürdig, wie schwer die Vertiefung in die Vorstellungen über Raum und Zeit fällt. Die Begriffe waren in der Physik wie ein Noli me tangere (Rühr mich nicht an), sie galten dogmatisch als gegebene und unerschütterliche Grundlagen des physikalischen Denkens. So verwachsen waren sie mit der schulgemäßen Betrachtung der Dinge, jene scheinbar so soliden Vorstellungen von Raum und Zeit, daß es schien, als ob es nichts Solideres geben könnte als diese Dinge. Der ausgezeichnete Mathematiker Heinrich Burkhardt, dem ich einmal diese Probleme vorlegte, sagte: „Mühen Sie sich doch nicht mit diesen Fragen ab; die Mechanik ist eine vollständig fertige Wissenschaft!"

VI. Raum und Zeit in neuem Licht.

Raum und Zeit galten der hergebrachten Mechanik wie auch dem philosophischen Denken des Alltags als unabhängige Dinge. Daß diese Begriffe einen festen Zusammenhang haben, voneinander also abhängen, dies festgestellt zu haben ist in philosophischer Hinsicht das wesentliche Ergebnis des „Speziellen Relativitätsprinzips", wie es Einstein im Jahre 1905 fand („S. R.-P."). Durch diese Verknüpfung gerät nun der Zeitbegriff in eine starke Analogie zum Raumbegriff. Das Weltgeschehen, soweit es als Bewegung der Körper in Raum und Zeit zu begreifen ist, gibt sich als Veränderung von Längen, Breiten, Tiefen und Zeiten kund. Was sich im Raum als ein Geschehen auffassen läßt, ein Vor-sich-Gehen im Lauf der Zeit, das ist in der Welt der vier Größen: Länge, Breite, Tiefe, Zeit ein Sein. Zu den drei „Dimensionen" des Raumes, Länge, Breite und Tiefe, tritt als vierte Erstreckung die Zeit hinzu. Seit Minkowski ist diese Auffassung einer „vierdimensionalen Welt" üblich. Man darf aber nicht — wie dies in vielen populären Zeitungsartikeln zu erkennen ist — in den Irrtum verfallen, zu glauben, daß es sich nun darum handle, einen vierdimensionalen Raum zu denken! Nein, der Raum ist nach wie vor als dreidimensional anzunehmen. Die Welt wird als eine Vorstellung eingeführt, in welcher

Lämmel, Relativitätstheorie.   6 zu jedem Punkt vier Angaben gehören, damit seine Einlagerung bestimmt sei[1]).

Raum und Zeit sind nicht mehr unabhängig zu denken. Daher ist auch der hergebrachte Begriff der Geschwindigkeit in eine neue Lage gekommen. Die bisherige Mechanik betrachtete die Begriffe

Raum, Zeit und Stoff

als die unerschütterlichen Grundbegriffe, welche man zwar nicht weiter erklären könne, welche auch als durchaus feste Stützen des Denkens keinerlei Definition bedurften. Aus diesen •Begriffen wurde eine Reihe von abgeleiteten Vorstellungen gebildet, mit deren Hilfe die mechanischen Vorgänge beschrieben wurden: Kraft, Arbeit, Effekt usw. Der erste dieser abgeleiteten Begriffe ist die Geschwindigkeit. Bewegt sich ein Körper in einem System mit der Geschwindigkeit u nach vorwärts, das System selber in bezug auf ein zweites mit der Geschwindigkeit v weiter, so bewegt sich nach der klassischen Mechanik der Körper in bezug auf das 2. System mit der Geschwindigkeit

$$w = u + v$$

vorwärts. Dahinter steckt die unerkannte Idee, daß diese Geschwindigkeiten u und v voneinander völlig unabhängige Dinge seien, aufeinander keinerlei Einfluß ausüben und auch von keiner dritten Sache gemeinsam beeinflußt seien. Die R.-T. erkannte diese Idee als ein Vorurteil. Daher findet sie denn auch ein anderes Gesetz über die Addition der Geschwindigkeiten (Anhang). Es lautet, für das obige Beispiel berechnet:

---

[1]) Auch Einstein spricht versehentlich von einem vierdimensionalen Raum!

$$w = \frac{u + v}{1 + \dfrac{u\,v}{c^2}} = \text{angenähert } u + v - \frac{u^2\,v}{c^2} - \frac{u v^2}{c^2} \cdots$$

wobei c die Geschwindigkeit des Lichtes im leeren Raum bedeutet. Dieser Zusammenhang zweier Geschwindigkeiten bei ihrer Addition ist vielleicht der einfachste Zug an der neuen Lehre, der den revolutionären Charakter derselben erkennen läßt.

Beachten wir, daß c für unsere alltäglichen Erlebnisse ungeheuer groß ist. Daher wird die Rechnung u mal v durch c^2 eine sehr kleine Zahl ergeben. Infolgedessen wird der Ausdruck $(u + v)$ durch wenig mehr als 1 zu dividieren sein, daher wird eben praktisch $u + v$ selber sich ergeben. Aber dies alles gilt nur für die Mechanik kleiner Geschwindigkeiten. Wenn u gleich der halben Lichtgeschwindigkeit, v aber gleich dreiviertel der Lichtgeschwindigkeit ist, dann ergibt sich für die Summengeschwindigkeit der Betrag von zehn Elftel der Lichtgeschwindigkeit. Die klassische Mechanik hätte gefunden: $w = 1{,}25 \cdot c$, also mehr als c. Das Einsteinsche Additionsgesetz gibt niemals eine größere Geschwindigkeit als die des Lichtes. Diese Geschwindigkeit spielt die Rolle der Grenzgeschwindigkeit, so wie etwa in der Mathematik die Zahl unendlich. Wir müssen ohne weiteres zugeben, daß uns dieser Gedanke recht peinlich ist. Das menschliche Philosophieren hat überhaupt keine Schranken gerne. Wir können grundsätzlich nicht begreifen, daß eine gewisse Geschwindigkeit schlechthin die unüberschreitbare größte Geschwindigkeit dieser Welt sein soll. Es ist dies einer der wunden Punkte in der neuen Theorie, eine unbefriedigende Stelle, auf welche wir hinweisen müssen[1]).

---

[1]) Dies gilt nur für die „Spezielle Relativitätstheorie". In der späteren „Allgemeinen Relativitätstheorie" ist diese Be-

Es nützt uns nicht viel, wenn wir diese gedankliche Schwierigkeit dadurch lösen wollen, daß wir sagen: ja, das Licht ist eben eine ganz besondere Sache, seine Geschwindigkeit ist nicht wie irgendeine zu betrachten, sondern sie ist eine gewissermaßen auserlesene ... Wir können nämlich auch nicht einsehen, wieso das Licht eine auserwählte physikalische Erscheinung sein soll! Aber dies alles mag ja wirklich vielleicht nur daran liegen, daß wir uns noch nicht genügend von den Gedankenschlacken der bisher geltenden Vorstellungen befreit haben. Oft genug müssen wir in den Wissenschaften rechnerische Ergebnisse als bare Münze hinnehmen, die wir nicht unmittelbar durchschauen und als richtig erkennen können.

Als die merkwürdigste Folge der neuen Vorstellungen wird allgemein folgendes betrachtet: bewegte Längen sind für den ruhenden Beobachter kürzer als für den mitbewegten. Ebenso erscheint der Ablauf der Zeit für einen „ruhenden" Beobachter langsamer als für einen mit der Uhr mitbewegten (Anhang). Wenn wir heute eine Expedition von der Erde wegschicken, die mit halber Lichtgeschwindigkeit in den Weltraum hinaussaust, so sollte danach folgendes eintreten: kehrt die Expedition nach $11^1/_2$ jähriger Abwesenheit (mit gleicher Geschwindigkeit) zurück, so stellen die Teilnehmer fest, daß sie g e n a u z e h n Jahre unterwegs gewesen seien! Die „Verkürzung" der Zeit beträgt für diesen Fall $1 : 1{,}155$. Im gleichen Maß werden die Längen verkürzt; beobachten wir das Expeditionsschiff, das bei seiner Ausfahrt 230 m lang gewesen sein möge, während der Fahrt, so finden wir es

schränkung überwunden. Da aber die Sonderstellung des L i c h t e s bestehen bleibt, ist das Denken nicht restlos befriedigt.

nur 200 m lang. Die Fragen: „wie lang ist diese Strecke" und „wie lange dauert diese Zeit" sind also nicht mehr überhaupt zu beantworten, sondern nur noch in bezug auf gewisse Beobachter, also relativ. Und diese Erkenntnis ist nicht eine bloße philosophische Bemerkung, sondern ein rechnungsmäßig feststehender Zusammenhang.

In seinen Züricher Vorträgen hat Einstein an das obige Beispiel der Reisedauer angeknüpft; er hat gefolgert, daß demnach die Reisegesellschaft unter Umständen ihre früheren Zeitgenossen als Greise wiedertreffen würde, während sie selber nur wenige Jahre unterwegs gewesen sein könnte. Dem opponierte der Verfasser. Der Schluß sei für Maßstäbe und Uhren, nicht aber für lebendige Wesen gezogen. Einstein aber erwiderte: Alle Vorgänge im Blut, in den Nerven usw. sind letzten Endes periodische Schwingungen, also Bewegungen. Für jegliche Bewegung aber gilt das R.-P.; also ist die Folgerung wegen des ungleich schnellen Alterns zulässig! ...

Hier tritt einer der interessantesten Punkte der R.-T. auf. Ist man wirklich berechtigt, die Erscheinungen des Lebens restlos aus Bewegungen aufgebaut sich zu denken? Dann ist ja das Leben selber relativ! Was für den einen Beobachter lebendig ist, erscheint dem anderen als tot! Was dem einen als ein Gedanke aufblitzt (= Bewegung!) ist dem anderen (dem relativ dazu Ruhenden!) nichts! Der Leser merkt, es ist eine uralte Frage. Ist Denken und Sinnen, Fühlen und Urteilen wirklich nichts anderes als eine Summe von irgendwelchen Bewegungen irgendwelcher Stoffteilchen? Eine letzte Frage!

Ein Weizenkorn wird aus einem uralten Pfahlbau gehoben. Wohlverwahrt lag es Jahrtausende trocken, sicher und kühl. Man versucht, ob es noch keimfähig ist;

nein, es ist tot. Wäre es aber, so schließen wir mit Einstein, auf einer Expedition mit 99,9% Lichtgeschwindigkeit unterwegs gewesen, und zwar 2800 irdische Jahre lang, ebensolange als seit der Zeit der Pfahlbauer verstrich, so wäre das Korn nur 127 Jahre seiner eigenen Zeit unterwegs gewesen ... und hätte also seine Keimkraft möglicherweise noch nicht eingebüßt. Die Verkleinerungszahl für die Zeit beträgt bei 99% der Lichtgeschwindigkeit nämlich schon 22.

Gegen diese Auffassung läßt sich ein·wichtiger Einwand vorbringen. (Ganz abgesehen davon, daß wir in Wahrheit doch nicht wissen können, ob das Leben wirklich nur Bewegung ist.) Wer nämlich nach erfolgter Trennung, beim Wiedersehen, jünger geblieben ist, der hat sich wirklich bewegt; wer älter als der andere geworden ist, wer rascher gelebt zu haben scheint, war wirklich in Ruhe! Wir haben aber gesehen, daß wir aus ganz allgemeinen Gründen zur Auffassung gelangen, daß wir eine solche wirkliche Bewegung nicht feststellen können. Wir betrachten diese Auffassung als einen nicht zu widerlegenden Grundsatz, dem sich auch das R.-P. beugen muß. In der Tat enthält ja die ganze Überlegung einen „Haken": sowohl am Anfang der Bewegung als auch bei der Umkehr ist die Bewegung einige Augenblicke lang keine gleichförmige. Denn der Körper muß, um aus dem Zustand der Ruhe (relativ zu uns) in den der Geschwindigkeit v übergeführt zu werden, beschleunigt werden. Während der Dauer dieses Vorganges aber unterliegt er unbekannten Veränderungen! Man denke nur daran, wie wir uns im anfahrenden Lift fühlen. Während der ruhig und gleichmäßig bewegte Lift keine Wirkung auf uns ausübt, stört uns das Anfahren und ebenso das Anhalten ganz bedeutend!

Das S. R.-P. unterrichtet uns nur über jene Beziehungen, welche aus dem dauernden Vorhandensein unveränderlicher Geschwindigkeiten folgen. Es macht uns aber nicht klüger über jene Einwirkungen, die aus einer „Beschleunigung“ folgen. Unter Beschleunigung versteht man das Verhältnis zwischen einer Veränderung der Geschwindigkeit und der Zeit, in welcher diese Veränderung erfolgte. Die Veränderung kann eine Vergrößerung der Geschwindigkeit sein, wie beim freien Fall; oder auch eine Verkleinerung derselben, wie bei einer Kugel auf einer Kegelbahn oder auf dem Billard, wo in beiden Fällen die Verzögerung infolge der Reibung auftritt. Oder die Veränderung kann schließlich auch eine solche der Richtung sein. Dies ist bei der Bewegung der Planeten rund um die Sonne der Fall. Obwohl nämlich in diesem Fall die Geschwindigkeit sich nur sehr wenig ändert — in dem Maße, als die Bahn keine genaue Kreisbahn ist — so ist doch eine beträchtliche Beschleunigung vorhanden, deren Wirkung in der D r e h u n g der Geschwindigkeit besteht. Wir wollen nur hier feststellen, daß sich das S. R.-P. auf alle Vorgänge in Systemen mit Beschleunigung n i c h t bezieht. Dies ist nicht nur wegen der praktischen Verwendung der Formeln von Bedeutung, sondern vor allem wegen der philosophischen Erkenntnis: die wirklich in unserer Welt vorkommenden Bewegungen sind ja gar nicht gleichmäßig beschleunigt, noch weniger o h n e alle Beschleunigung. Sondern, wegen des beständigen Ineinanderfließens aller Wirkungen muß angenommen werden, daß es gar keine Bewegung o h n e Änderung der Geschwindigkeit gibt. Was immer man auch für ein System zugrunde legt, immer ist jede in der Natur vorkommende Substanz in bezug auf dieses System ungleichmäßig bewegt. Freilich kann diese Ungleichmäßigkeit, deren Stärke ja um so geringer auffällt, je kleiner wir die Zeiteinheit wählen, unter Unständen außer Betracht fallen.

Für die Relativität der Zeit, d. h. ihre Abhängigkeit von der Bewegung des Beobachters, läßt sich ein hübsches, wenn auch ziemlich grobes Bild beibringen. Versetzen wir uns in das Jahr 2000 und nehmen wir an, eine Luftschiffahrtsgesellschaft veranstalte Rundflüge um die Erde. Europa—Atlantis—Amerika—Pacific—Asien und zurück. Bei einer solchen Reise stellt sich das Bedürfnis nach einer Art Uhr ein, wie wir sie heute als mechanisches Gehwerk noch nicht haben. Soll die Uhr in jedem Augenblick an jedem Ort, wo man gerade ist, die richtige Ortszeit angeben, so muß sie in ihrem Gange von der Geschwindigkeit des Schiffes abhängen. Wenn es in Paris 12 Uhr ist, haben die Neuyorker erst 7 Uhr früh. Fährt das Schiff in 24 Pariser Stunden von Paris bis Neuyork, so muß die Schiffsuhr in dieser Zeit nur um 19 Stunden vorwärts laufen! Der Leser kann sich dieses Bild leicht weiter ausmalen. Man könnte eine solche Uhr als „Relativuhr" bezeichnen. (Fährt das Schiff so schnell nach Westen, wie sich die Erde dreht, so muß die Relativuhr stillstehen.)

Die bisherige Physik war, ohne sich darüber klare Rechenschaft zu geben, der Auffassung: eine Länge, die für einen daneben befindlichen Beobachter sich als x Meter erwiesen hat, ist für jeden anderen Beobachter bei richtiger Messung ebenfalls x Meter lang. Anders gesagt: „Jede Distanz hat eine bestimmte Größe, und diese Größe kann jeder Beobachter auch wirklich finden, wenn er nur richtig mißt. Distanzen sind absolut, wenn auch die Angabe eines einzelnen Punktes nur relativ möglich ist." Dieselbe Sachlage war im Unterbewußtsein der physikalischen Forscher in bezug auf die Zeit vorhanden. Der Eintritt eines Ereignisses findet zu einer ganz bestimmten Zeit statt, deren Anfangspunkt (z. B. Christi Geburt) beliebig ist. Die Dauer eines Ereignisses ist aber ganz dieselbe, ob man sich nun auf Christus der Erde, Mohammed des Mars oder Moses des Sirius bezieht. So dachte man; und dies erschien so sehr selbstverständlich, daß man derlei Gedanken nicht einmal ausdrücklich erwähnte: sie waren stille Dogmen oder Vorurteile im Unterbewußtsein.

Es gelingt aber leicht, sich durch eine elementare Überlegung zu überzeugen, daß tatsächlich Raum, Zeit und Lichtgeschwindigkeit zusammenhängen. Denken wir uns zwei Sterne A und B irgendwo in der Welt; sie mögen, von der Erde aus gesehen, Doppelsterne sein. In Wirklichkeit sollen sie aber weit voneinander entfernt „hintereinander" stehen. Ein Beobachter auf der Erde möge nun die beiden Sterne in einem bestimmten irdischen Augenblick aufleuchten sehen. Dieser Beobachter sei Kopernikus. Für Kopernikus waren die Fixsterne noch alle gleich weit entfernte, auf einer Sphäre befestigte Leuchtkügelchen. Kopernikus würde also gesagt haben: „An zwei Stellen des Weltraumes haben sich zu gleicher Zeit neue Sterne gebildet." — Seither haben die Menschen erkannt, daß das Sternensystem im Raum gelagert ist und nicht auf einer Kristallsphäre. Ferner hat man erkannt, daß die Sterne verschieden weit von uns entfernt sind. Descartes aber (1596—1650) würde bei der gleichen Beobachtung auch noch die gleiche Bemerkung gemacht haben wie Kopernikus: „gleichzeitig" entstanden die beiden Sterne; denn für ihn galt es als ausgemacht, daß die Geschwindigkeit des Lichtes unendlich groß ist. Gerade so wie man es noch bis in die Gegenwart für selbstverständlich gehalten hat, daß sich die Schwere unendlich schnell ausbreitet. Das eine wie das andere widerspricht jeglichem nüchternen Denken. Römer aber hat (1676) gefunden, daß sich das Licht mit der Geschwindigkeit von 300 000 km in der Sekunde ausbreitet. Jenes Aufleuchten zweier Sterne würde nun nicht ohne weiteres als „wirklich gleichzeitig" für Römer gegolten haben. Römer hätte etwa gesagt: „Wir müßten auch noch wissen, wie weit diese beiden Sterne eigentlich von uns entfernt sind!" Denn es ist klar, daß, wenn wir zwei Botschaften zu gleicher Zeit erhalten (was wir einwandfrei feststellen können), daß dann durchaus noch nicht behauptet werden kann, diese beiden Botschaften seien auch zu gleicher Zeit abgeschickt worden. Im Gegenteil. Man muß sagen: Im allgemeinen werden zwei Botschaften, die von irgendwelchen Orten kommen und mich gleichzeitig erreichen, wohl zu verschiedenen Zeiten abgesendet worden sein. — Der deutsche Astronom Bessel aber fand endlich im Jahre 1838 die Entfernung einiger Fixsterne und seither hat man die Meßmethoden so verfeinert, daß man für viele Sterne die Distanz von der Erde bestimmen kann. Nehmen wir nun an, die Entfernungen jener beiden Doppelsterne seien bestimmt worden. Nunmehr sind wir in der Lage zu berechnen, wie lange jede der beiden Botschaften unterwegs war:

Zeit = Entfernung des Sternes : Geschwindigkeit
des Lichts.

Wenn wir nach dieser Formel die Übermittlungszeiten ausgerechnet haben werden, können wir entscheiden, ob die beiden Ereignisse „wirklich" gleichzeitig waren.

Das war der Standpunkt bis ins Zeitalter der Relativität. Nun geben wir uns mit diesen Überlegungen nicht mehr zufrieden; es fällt uns folgendes auf: um zu entscheiden, ob zwei Ereignisse zu gleicher Zeit stattgefunden haben, müssen wir erstens den Raum (= Entfernung) ausmessen und zweitens die Lichtgeschwindigkeit bestimmen. Da nun aber die Lichtgeschwindigkeit selber erklärt ist als

Lichtweg : Übermittlungszeit,

so erkennen wir, daß wir zuerst ein Zeitmaß festlegen müssen um nur imstande zu sein, die Gleichzeitigkeit zweier Ereignisse zu bestimmen. Es wird uns jetzt folgendes klar: Wenn zwei Ereignisse in unserer unmittelbaren Nähe stattfinden, so daß wir von der Dauer der Übermittelung ganz absehen können, dann kann man auch ohne Bezugnahme auf die Entfernungen (die also ungleich groß, aber beide klein sein sollen) und ohne Bezugnahme auf die Ausbreitung des Lichtes sagen „ja, die Ereignisse sind gleichzeitig" oder „nein, sie sind ungleichzeitig". Wir brauchen in diesem Falle keine Uhr, um festzustellen, ob die Ereignisse (z. B. zwei Höhenfeuersignale) gleichzeitig waren. Ganz anders aber für beliebige Punkte im Weltraum: Um hier die bloße Frage nach der Gleichzeitigkeit zu erledigen, müssen wir schon ein ausgebautes physikalisches Begriffssystem haben. Und doch erscheint uns die Frage „gleichzeitig oder nicht" als viel einfacher, wie die andere Frage: „wann?". Denken wir auch daran, daß wir zwei Maßstäbe, die vor uns liegen, ohne weiteres in bezug auf ihre Länge miteinander vergleichen können; wir können dann sagen, ob sie gleich lang sind, ohne zu wissen wie lang sie sind! Denn die Entscheidung, ob zwei Größen in unserer Umgebung gleich sind oder nicht (seien es Zeiten oder Längen) ist immer einfacher als die andere Frage: wie lang sind diese Größen? Man begreift auch ohne weiteres, daß für die letztere Frage die erstere bereits befriedigend gelöst sein muß. Wenn wir uns auf einen bestimmten Maßstab geeinigt haben, dann werden wir beim Messen ja nicht anders verfahren können als folgendermaßen: wir legen den Maßstab an den zu messenden Gegenstand; oder wir legen eine Reihe von solchen Stäben an die zu messende Distanz. Bei der Herstellung eines Stabes kommt jedesmal wieder die Aufgabe, zu entscheiden, ob er richtig ist: d. h. ob er so lang ist wie der Normalstab. Der Leser wird merken, daß vor dem Messen die Frage des Gleichseins erledigt sein muß.

Sind also die Ereignisse weit von uns entfernt, so brauchen wir zur Entscheidung der Frage der Gleichzeitigkeit schon die Kenntnis der Entfernung (von uns) und die Kenntnis der Lichtgeschwindigkeit. Indessen, soweit wir bisher überlegt haben, war das Problem sozusagen nur statisch; der irdische Beobachter und die Ereignisse in A und B galten stillschweigend als relativ zueinander ruhend. Nun nehmen wir an, daß der Beobachter auf der Erde und der Stern A relativ bewegt seien, während B relativ zur Erde ruhen möge. Dann erhebt sich sofort jene Kette von Fragen, auf die wir oben (S. 45) hingewiesen haben: Wie beeinflußt die Bewegung des A das von ihm ausgesendete Licht? Ist der Äther mit A bewegt? Was für ungeahnte Verwicklungen! Denn, wenn wir noch weiter tüfteln, so finden wir: wiewohl angenommen ist, daß B relativ zur Erde ruhen möge, so können wir doch nicht behaupten, daß B „absolut" ruht; nein: B wird sich (wie die Erde selber) irgendwie bewegen. Beeinflußt diese Bewegung denn nicht den Gang des Lichtes? Aus all diesen Fragen soll nur das eine hervorgehen: wir können die Frage, ob zwei Ereignisse gleichzeitig waren, keineswegs ohne sehr eingehende physikalische Kenntnisse entscheiden.

Die Frage gewinnt noch eine andere Gestalt, wenn wir zwei Ereignisse und zwei Beobachter setzen. Möge also ein irdischer Beobachter und einer auf dem Sirius ihr

Augenmerk auf eine Nova (einen neu aufflammenden Stern) richten, der im Sternbild des Herkules erscheint, und auf einen anderen Vorgang im Löwen, wo „gleichzeitig" ein neuer Nebel auftaucht. Da haben wir vier Orte in der Welt und demnach sechs verschiedene Entfernungen in Betracht zu ziehen:

Erdbeobachter — Siriusmann

Erdbeobachter — Nova

Erdbeobachter — Löwennebel

Siriusmann — Nova

Siriusmann — Löwennebel

Nova — Nebel im Löwen.

Alle sechs Entfernungen sollen als sehr groß und als veränderlich angenommen werden, d. h. es sollen alle vier Orte in relativer Bewegung begriffen sein (was ohnehin, mögen wir wollen oder nicht, immer zutrifft). Wenn nun in einem bestimmten Augenblick für einen allwissenden Gott die Anordnung der vier Dinge im Raum den Anblick eines ebenen Quadrates böte (Abb. 22), dessen Ecken *No* und *Ne* gleichzeitig aufflammen, so werden die Beobachter in *S* und auf *E* dies nur dann als gleichzeitig erkennen, wenn alle vier Orte relativ ruhen, oder aber sich auf einem Kreise oder etwa auch auf dem Quadrate gleichschnell bewegen. In allen anderen Fällen, d. h. also im allgemeinen werden die „wirklich" gleichzeitigen Ereignisse nicht als solche erkannt werden können. Nehmen wir z. B. an, daß die Punkte

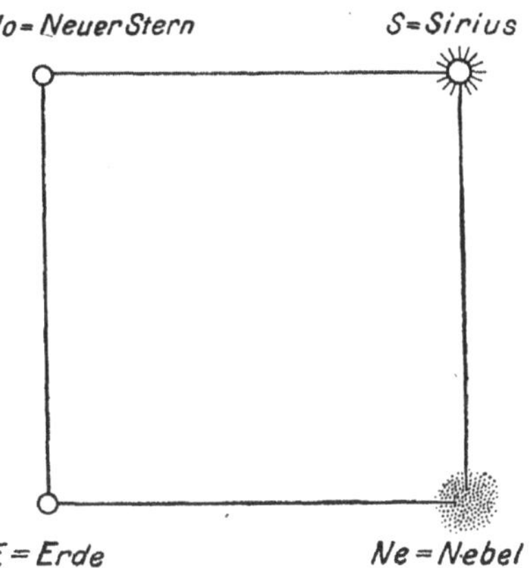

Abb. 22. Vier Orte in unserer Welt.

No und *S* und *Ne* relativ still stünden, *E* aber sich gegen *No* bewegt. Dann wird auf *E* das Aufflammen der *No* eher bemerkt werden, als das Aufleuchten des *Ne*. Nun kann man ja einwenden, daß man die Geschwindigkeit der *E* gegen *No* berücksichtigen und den dadurch entstandenen Fehler ausmerzen könne. Dann ergibt sich aber wieder, daß wir, um eine „einfachere" Frage beantworten zu können, vorher schon eine „kompliziertere" lösen müssen. Man erkennt wieder, daß in dem Begriff der Gleichzeitigkeit eine eigentümliche Schwierigkeit enthalten ist. Ja, das angegebene Beispiel läßt auch erkennen, daß die Frage nicht beantwortet werden kann ohne Zuhilfenahme der Sätze der Geometrie. Will man mit Hilfe von irdischen Beobachtungen die Eigenschaften des Viereckes (Abb. 22) erkennen, so sind wir gezwungen, unsere euklidischen Erfahrungen, d. h. die aus der üblichen Planimetrie folgenden Erkenntnisse auf den Weltraum zu übertragen. Für den oben angeführten alles erkennenden Gott ist dies eine geringe Sache. Aber für uns ist das sehr gewagt. Wenn man die in einem sehr kleinen und beschränkten Raum gewonnenen Erfahrungen und Sätze auf ungeheuer viel größere Ausdehnungen übertragen soll, so muß man sich wohl fragen, ob die alten Sätze für solche Gebiete noch gelten. Soll z. B. die Entfernung der beiden *No* und *Ne* von *E* und von *S* aus ermittelt werden, also in dem betrachteten Augenblick die Diagonale eines Quadrates, so muß man (Abb. 22) den vertrauten Lehrsatz des Pythagoras anwenden:

$$(E-No)^2 + (E-Ne)^2 = (No-Ne)^2\,.$$

Dieser Satz ist aus der gemütlichen Erfahrungswelt menschenhafter Alltäglichkeiten gewonnen. Die dabei als Grundlage verwendeten „Axiome" (d. h. unbeweisbare, aber als wahr angenommene Sätze, als wie: die kürzeste Entfernung zweier Punkte ist eine Gerade) enthalten in sich keine Beziehung zu dem Begriff der Geschwindigkeit oder zur Zeit. Und doch erkennen wir klar, wenn wir die Abb. 22 betrachten, daß die Frage nach der Größe der Entfernung No—Ne nur dann rein geometrisch und unphysikalisch wäre, wenn No und Ne relativ ruhen würden. Aber sobald sie sich relativ bewegen — und das ist eben offenbar immer der Fall — dann wird die geometrische Aufgabe zu einer physikalischen; denn wir müssen Zeit und Geschwindigkeit, also auch Raumbetrachtungen allgemeiner Art einführen. Es ergibt sich zweierlei:

1. Nicht nur die Gleichzeitigkeit, auch die Gleichraumigkeit (ob No—Ne für E gleich No—Ne für S) ist eine viel kompliziertere Angelegenheit, als die bisherige Physik annahm.

2. Eine für die wirkliche Welt gültige Geometrie kann erst auf Grund physikalischer Erfahrungen aufgebaut werden.

Für die meisten der hier angedeuteten Schwierigkeiten ist nun das Einsteinsche Prinzip die einfachst denkbare Lösung. Betrachten wir nochmals Abb. 22. Wie immer auch die vier Dinge relativ bewegt sind, die Lichtgeschwindigkeit wird stets als gleich groß angenommen; das war unser Satz II, die Grundlage der speziellen R.-T. Wir wollen nicht behaupten, damit eine absolute Wahrheit gefunden zu haben; sondern nur, daß unser Satz II eine brauchbare Grundlage für die Erledigung der Frage nach dem Zusammenhang zwischen Raum, Zeit und Geschwindigkeit gibt.

Kehren wir zur Längenänderung zurück; wir sahen folgendes: Je schneller sich ein Körper bewegt, desto mehr zieht er sich, vom „Ruhesystem" aus betrachtet, in der Bewegungsrichtung zusammen. Beträgt die Geschwindigkeit 99% der Lichtgeschwindigkeit, so ist seine Länge nur mehr der 7,45. Teil seiner „Ruhelänge". Dieses Ergebnis der R.-T. entspricht formell genau der berühmten Annahme von H. A. Lorentz, daß sich die Körper bei der Bewegung im Weltraum, durch den Äther hindurch, verkürzen. Auch hat dieser holländische Physiker denselben Betrag für die Verkürzung angegeben, wie ihn Einstein aus seiner Auffassung heraus berechnet. Worin liegt nun der wesentliche Unterschied? — Beide Anschauungen leisten dasselbe. Sie erklären, daß (und anderseits warum) man die Bewegung der Erde im Weltraum nicht nachweisen kann. Aber nach Einstein wird der bewegte Körper keineswegs zusammengedrückt, sondern seine Verkürzung, vom Standpunkt des ruhenden Beobachters aus festgestellt, ist eine aus der Natur der Welt sich ergebende Folgerung. Der betreffende Körper ist wirklich so viel kürzer geworden, ohne alle äußere Einwirkungen. Aber er ist es nur im Urteil eines relativ zu ihm bewegten Beobachters; und seine Verkürzung ist verschieden groß für verschiedene schnell bewegte Beobachter. Wir wiederholen: daß alles dies, was wir hier erkennen, nicht als alltägliche Erscheinung bemerkt wird, hat seinen Grund nur darin, daß die Mechanik der täglichen Erfahrung nur mit sehr kleinen Geschwindigkeiten zu tun hat, verglichen mit der Lichtgeschwindigkeit. Würden wir in einer Welt leben, in welcher ungeheure Geschwindigkeiten zu den alltäglichen Erscheinungen gehören, so würde uns die aus der Bewegung folgende Verkürzung eben auch alltäglich sein! Wie groß die Verürzung (k) für Längen und Zeiten ist, kann aus folgender Skala ersehen werden:

$v =$	10 %	20 %	30 %	40 %	50 %	60 %	80 %	90 %	99 %	99,9 %
					von c					
dann ist $k =$	1,005	1,021	1,047	1,09	1,156	$1^1/_4$	$1^2/_3$	$2^1/_3$	$7^1/_4$	22

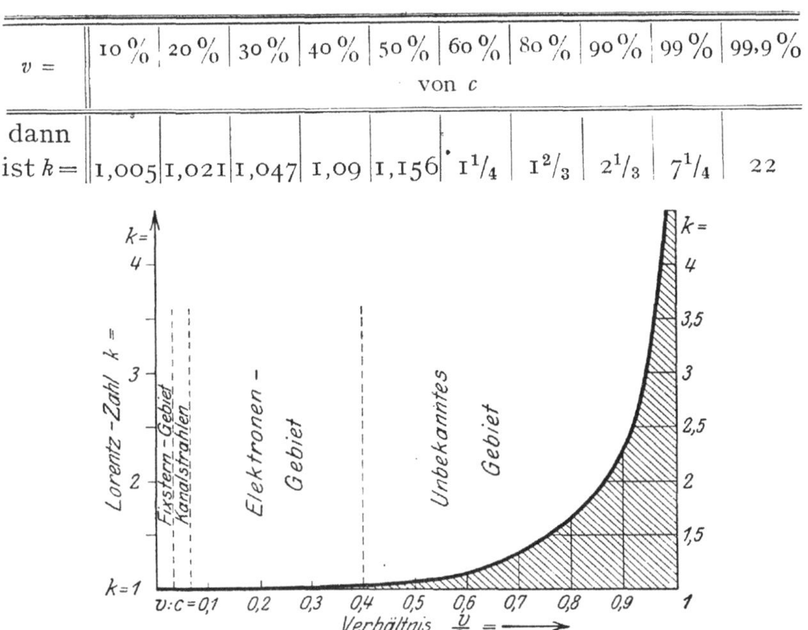

Abb. 23. Graphische Darstellung der Lorentz-Zahl.

Das R.-P. hat seinen Namen von der Erkenntnis, daß die Länge einer Entfernung und diejenige eines Zeitraumes nicht für alle Beobachter dieser Größen sich als gleich groß ergibt; sondern die Längen und Zeiten sind relativ. Aber die neue Lehre gibt nicht nur diese Erkenntnis und die Möglichkeit der rechnerischen Verwertung derselben, sondern sie zeigt auch, daß der Verlauf der Zeit und die Erstreckung des Raumes zusammenhängen. So gut die neue Anschauung „R.-P." heißt, könnte sie auch „Verknüpfungsprinzip" genannt werden. Und der erkenntnistheoretische Wert der neuen Gedanken liegt vielleicht noch mehr in dieser Richtung der Verknüpfung, als in der der Relativierung. Denn während sich die Relativität aus einer organischen Entwicklung der älteren Physik verstehen läßt, ist die Verknüpfung etwas durchaus Neues, eine Überraschung, die uns in den Schoß fällt.

In einem bestimmten Augenblick hat ein gegebenes System eine bestimmte Zeit. Dieser Satz klingt ja fast wie ein schwacher Witz; denn „in einem bestimmten Augenblick“... damit ist ja doch schon alles gesagt! Aber aus dem R.-P. folgt, daß es Augenblicke an und für sich gar nicht gibt! Alle bewegten Systeme schleppen vielmehr ihre eigenen Zeiten mit sich in der Welt herum... „Wieviel Uhr ist es“, ist nun gar keine so harmlose Frage mehr.

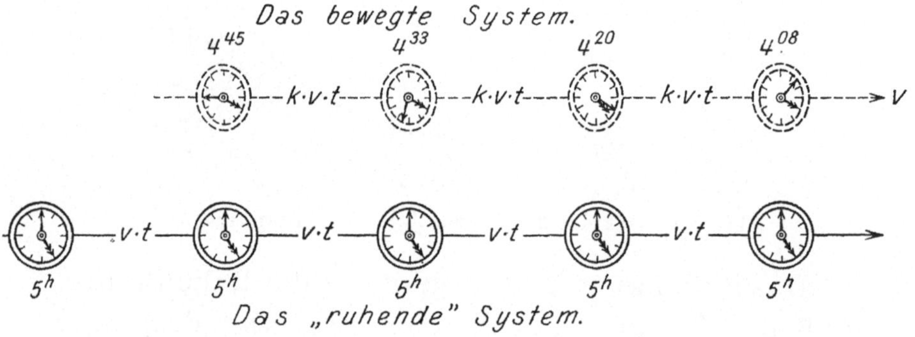

Abb. 24.

„Wo und ferner für wen?“ ist die Gegenfrage. Bewegt sich ein System mit $v = 0{,}2 \cdot c$ vorwärts, so ergibt sich aus der Lorentz-Transformation folgendes (Abb. 24):

Greifen wir den Augenblick heraus, da nach Angabe unserer Uhr im Ruhesystem (das ist natürlich nur eine bequeme Bezeichnung, keine Angabe eines tatsächlichen Verhaltens) 60″ verstrichen sind. Die Uhren des beweglichen Systems mögen mit entsprechenden des laufenden verglichen werden. Die erste Uhr des B-Systems zeigt 58,8″; die zweite, welche in der Entfernung $v \cdot t$ steht, zeigt 56,3″, die nächste 53,9″ usw.; alle diese Zeiten sind wirkliche Zeiten. Ja es gibt sogar einen Punkt, wo $t' = 0$

zu setzen ist; er befindet sich 86 Millionen Kilometer weit im beweglichen System, oder nach dem Urteil des ruhenden Beobachters, mehr als 92 Millionen Kilometer weit entfernt.

Der Zusammenhang, den das R.-P. zwischen Raum und Zeit setzt, soll noch durch ein Bild dargetan werden. Nehmen wir an, wir hätten erkannt, daß die Pflanzen eine gewisse organische Einheit bilden. Ferner hätten wir bezüglich der Insekten ebenfalls eine solche Einheitlichkeit festgestellt. Wir haben eine „Insektenheit" erkannt. Nun kommt eines Tages ein Naturforscher und erklärt: „Eigentlich sind weder die Pflanzen für sich allein daseinsfähig, noch auch die Insekten. Beide sind zusammen da; sie sind aufeinander angewiesen, die einen wegen der Nahrung, die andern wegen der Bestäubung. (Wir wollen annehmen, daß dies wirklich ganz richtig sei!) Und der Forscher erklärt also: es gibt weder Pflanzen an und für sich, noch auch Insekten an und für sich. Sondern das, was wirklich vorhanden ist, das ist die Gesamtheit der Pflanzen- und Insektenwelt. Pflanzen und Insekten bilden einen einzigen Organismus höherer Art, wovon wir bis jetzt nichts geahnt haben . . ." — So ähnlich lag die Frage für die Physik. Eines Tages erwies es sich als unmöglich, mit der überkommenen Anschauung, daß Raum und Zeit gesonderte Begriffe seien, weiter zu wirtschaften. Es kam H. A. Lorentz und A. Einstein, es wurde ein ungeahnter Zusammenhang entdeckt, und die vorher für selbständig gehaltenen Begriffe Raum und Zeit wurden als miteinander verschmolzen erkannt.

Wir wollen auch noch die sonderbare Art, Geschwindigkeiten zu addieren, durch ein Bild beleuchten. Viele Leser werden sich sagen: 3 und 4 gibt eben 7 — wie könnte das

anders sein? Aber gemach! Nehmen wir an, wir hätten
einen eisernen Würfel von 1 m Kantenlänge. Ferner sei
ein zweiter eiserner Würfel von ebenfalls 1 m Kantenlänge
vorhanden. Nun lege ich die beiden aufeinander. Das gibt
einen Block. Wie hoch ist dieser Block? — Dumme Frage:
2 m doch! Eins und eins ist zwei! Aber die Wirklichkeit
ist eben doch komplizierter als die Zahlen, welche ja nur
Gedankengebilde sind. Ich will gar nicht davon reden,
daß wir uns bei der Messung irren können; bewahre! Auch
davon will ich nicht sprechen, daß wir niemals eine Messung
wirklich genau durchführen können. Wenn wir die Würfel
mehrmals messen, mit ganz genauen Instrumenten ablesen,
so werden wir ja niemals zwei Würfel in der Welt entdecken, die gleiche Kanten haben; auch niemals nur einen
einzigen Körper, der wirklich ein Würfel ist. Aber — wie
gesagt, von alledem soll die Rede nicht sein. Drücken wir
die Augen zu über diese Meßschwächen. Aber ich sage:
wenn die beiden Würfel neben einander stehen, und da
je 1 m hoch sind, dann werden sie übereinander nicht mehr
je 1 m hoch sein! Der eine drückt auf den andern, der
andere wird kürzer. Selbst angenommen, daß der erste
durch das Erheben um 1 m Höhe nicht in merkbarer Weise
an Gewicht abgenommen und dadurch an Höhe zugenom-
men hätte. Die Zusammendrückung ist eine in der Natur
unserer Welt begründete Sache, keine menschliche Meß-
beschwerde! Wir können von ihr nicht absehen. Zwei
physikalische Meter, also wirkliche Körper, übereinander
gelegt, geben nicht die einfache Summe, sondern weniger
als Ergebnis der Addition! Ähnlich verhalten sich also
— das soll unser Bild beleuchten — die Geschwindigkeiten
nach dem S. R.-P.

Hier muß nun eine Bemerkung eingefügt werden. Jenes

Bild, das wir eben brachten, bedient sich der Wirkung der Schwere, um darzutun, daß die Zusammenfügung zweier physikalischer Größen nicht einfach die rechnerische Summe gibt. Aber das S. R.-P. stellt ein Bild von Raum und Zeit her, in welchem die Schwerkraft selber noch nicht organisch eingefügt erscheint. Sie ist, wie für die klassische Mechanik, in der Theorie des S. R.-P. eine „hineingeschneite" und weiter völlig unerklärliche sowie auch isolierte Tatsache. Das will also u. a. sagen, daß, wenn ich das Aufeinanderlegen zweier Würfel in der Anschauung des S. R.-P. untersuche, daß ich dann doch nichts anderes als die gewöhnliche Summe erhalte; immerhin unter der Voraussetzung, daß zum Messen der Würfel keine Zeit gebraucht wird. Denn gerade so wie die Zeit vom Ort abhängt, so hängt umgekehrt die Länge einer Strecke von der Zeit ab, die zwischen der Betrachtung des Anfanges und des Endes der Strecke vergeht. Eine Länge von 1000 ruhenden Metern erscheint in einem mit halber Lichtgeschwindigkeit bewegten System 1090 m lang, wenn die Messung an beiden Enden gleichzeitig (für das bewegte System) stattfindet. Dieselbe Länge ergibt sich zu 2395 m, wenn man bei der Ermittlung derselben nur so lange trödelt, daß man sich mit Lichtgeschwindigkeit dabei von einem Ende zum andern hin bewegt!

Gewiß wird sich dem Leser die Frage aufdrängen, ob denn nun diese Theorie irgendwie direkt bestätigt worden ist. Man darf ja nicht übersehen, daß das Michelsonexperiment keine Bestätigung, sondern der Ausgang der neuen Theorie ist. Die S. R.-T. ist auf Grund des Michelsonexperimentes abgeleitet, man kann also nicht hinterher sagen, die S. R.-T. „erkläre" das Michelsonexperiment. Aber es gibt einen anderen in der Geschichte der Physik berühmten Versuch, den wir in erster Linie heranziehen können, um die neuen Anschauungen auf ihn anzuwenden. Das ist der Versuch von Fizeau (1859).

Läßt man das Licht durch rasch strömendes Wasser gehen, so entsteht die Frage, ob die Geschwindigkeit des Lichtes durch die des Wassers beeinflußt wird. Ob also das Licht mitgerissen oder gehemmt wird. Fizeau fand, daß das Licht teilweise mitgerissen wird. Ein Bruchteil der Wassergeschwindigkeit überträgt sich auf das Licht. Nämlich derselbe Teil, der gemäß dem Versuch von Airy anzusetzen ist. Es ist dies der Bruch

$$1 - \frac{1}{n^2}$$

von der Strömungsgeschwindigkeit. Dabei bedeutet n den Brechungskoeffizienten des Wassers. Setzen wir ihn gleich $^3/_2$, so ist jener kritische Bruchteil $= {}^5/_9$. Dieser Teil der Wassergeschwindigkeit wird auf das Licht übertragen. Bemerken wir ferner, daß die Fortpflanzung des Lichtes im Wasser $= c : n$ ist, also $= 200\,000$ km/sec beträgt. Nach dem S. R.-P. ist diese Geschwindigkeit für die mit dem Wasser bewegten Beobachter dieselbe, als wenn das Wasser ruhen würde. Bewegt sich das Wasser, so ergibt das Experiment von Fizeau, daß für den (relativ zur Erdoberfläche) ruhenden Beobachter zu jener Geschwindigkeit des Lichtes, 200 000, noch $^5/_9$ der Wassergeschwindigkeit hinzutreten. Sei diese $= 20$ m/sec. Dann erhöht sich die Lichtgeschwindigkeit um 11 m/sec. Das scheint ja recht wenig und der Laie wird nicht einsehen, wie man in Wirklichkeit die Geschwindigkeit 200 000 von der anderen 200 000,011 unterscheiden kann. Nun — man kann es sehr gut; mit Hilfe der S. 41 besprochenen Interferenzen. Es ist also festgestellt und kann als gesichertes Wissen betrachtet werden, daß

$$w = u + v \cdot (1 - 1 : n^2)$$

ist, wobei u die Geschwindigkeit des Lichtes im ruhenden Wasser, v die Geschwindigkeit des Wassers bedeutet und w die Lichtgeschwindigkeit ist, welche der ruhende Beobachter für die Ausbreitung im bewegten Wasser findet. Wie aber soll man sich dies Ergebnis erklären? Wieder stehen wir vor der wenig befriedigenden Ansicht, daß der Äther „teilweise mitgerissen" wird. Wenig Trost ist es, zu sehen, daß die Mitführung dieselbe ist, wie bei der Aberration im Wasser. Aber die S. R.-T. gibt mit einem Schlag die Aufklärung. Die Art und Weise, wie ihr zufolge sich die wirklichen Geschwindigkeiten addieren, ergibt in einer Minute Rechnung (s. Anhang) jenes Ergebnis, für welches bisher vortreffliche Mathematiker und Physiker großen Scharfsinn aufgewendet haben — um doch nur eine unbefriedigende Aufklärung zu erlangen. Man darf diese Tatsache, daß die Einsteinsche Additionsformel das Fizeauexperiment sofort erklärt, als einen wichtigen Grund ansehen, dem R.-P. zu vertrauen.

Ebenso leicht ergibt sich die Berechnung der Aberration und des Versuchs von Airy. Wir erkennen den großen idealistischen Wert des R.-P.: aus einer Idee heraus können wir jene Tatsachen verstehen, die sich uns im Kapitel IV als einander widersprechend geoffenbart hatten — als wir noch auf dem Standpunkt des Äthers standen. Die Entdeckungen von Bradley, Airy und Michelson erscheinen nicht mehr als Widersprüche!

Es gibt aber noch einen interessanten optischen Vorgang, der mit Hilfe des R.-P. spielend erklärt wird. Das ist das sog. Dopplersche Prinzip.

Nähert sich uns eine Lichtquelle, so wird ihr Licht intensiver, es ändert seine Farbe gegen violett zu. Entfernt sich aber der Stern — nur um solche kann es sich handeln, irdische Lichtquellen laufen dafür zu langsam! — so schwächt sich die Intensität des Lichtes in bezug auf Farbe ab: die Farbe wird sich gegen rot zu ändern. Genau die gleiche Erscheinung ist allgemein bekannt bei Lokomotiven, Autos und Äroplanen. Wohl konnte die bisherige Äthertheorie diese Erscheinung einigermaßen erklären. Ebensogut war sie vom Standpunkt der Stofftheorie aus zu verstehen. Aber es ist uns immerhin eine große Befriedigung, zu sehen, daß die R.-T. das Prinzip ebenfalls abzuleiten gestattet. (S. Anhang.) Dabei hat sich herausgestellt, daß die bisherigen Betrachtungen nicht ganz richtig, d. h. nicht völlig genau waren. Es ist von der weiteren Entwicklung der Experimentierkunst zu erwarten, daß die Formel der R.-T. bestätigt oder verworfen wird. Dasselbe gilt übrigens für den Fresnelversuch.

Müssen wir also nach alledem dem R.-P. einen hohen philosophischen Wert und eine große physikalische Fruchtbarkeit zuerkennen, so soll uns dies nicht abhalten, die Schwächen des Prinzips aufzudecken. Als solche erscheinen uns folgende:

1. Der Grundsatz von der Unveränderlichkeit der Lichtgeschwindigkeit im Vakuum (leeren Raum). — Denn es gibt keine Unveränderlichkeit in der wirklichen Welt.

2. Die Zusammenhänge zwischen Raum und Zeit in einem beschleunigten System (wachsende Geschwindigkeit v gegen den ruhenden Beobachter) bleiben unbekannt. Da nun gleichförmig bewegte Systeme streng genommen nie vorkommen können, so ist auch das S. R.-P. nur eine Idealisierung der Wirklichkeit.

3. Das große Rätsel der klassischen Physik, die Schwere, bleibt auch in der S. R.-T. ungelöst.

4. Die bisherige Theorie lehrte, daß die Lichtgeschwindigkeit in einem beliebigen Medium, z. B. im Wasser, gleich ist derjenigen im leeren Raum (= 300 000 km/sec), dividiert durch den Brechungsindex. Diese Beziehung ist in allen Fällen, wo sie bisher untersucht werden konnte, auch richtig gefunden worden. Nun gibt es Stoffe, für welche der Brechungsindex n kleiner als 1 ist: die Metalle. Dann wird in ihnen die Geschwindigkeit größer als 300 000 km/sec. Dies widerspricht den Formeln der R.-T.! (Die hierzu von Sommerfeld gegebene Aufklärung, nur der Kopf laufe stets mit 300 000, ist ganz ungenügend.)

Neben diesen berechtigten Einwänden, die sich noch vermehren ließen, gibt es auch unberechtigte. So hat z. B. Einstein die Gemüter vieler Widersacher in Aufregung gebracht durch seine gelegentlichen Behauptungen, dem R.-P. zufolge könne die Ursache der Wirkung vorangehen. Man lese z. B. Gilberts Arbeit gegen die R.-T. Darin entrüstet sich der Verfasser darüber, daß etwa zuerst der Tintenklex auf dem Papier auftauchen sollte und hinterher erst das Tintenfaß umfallen würde. Oder daß zuerst die Kinder herumlaufen und später die Väter geboren werden würden ... Nun will aber Einstein dergleichen Dinge aber auch nicht behaupten. Sondern, da er in die Denkrichtung Humes gehört (Hauptwerk 1748 Untersuchung in betreff des menschlichen Verstandes; ein Werk, das jeder, der es noch nicht gelesen hat, schleunigst lesen sollte), so ist sein Gedankengang folgendermaßen, im Sinne jenes genialen britischen Denkers, zu verstehen: Ursache und Wirkung werden uns niemals durch den Verstand selber klar, sondern nur aus der Erfahrung. Sonach, wenn wir andere Erfahrungen machen würden, so würde sich der Verstand denselben anbequemen und die neuen Verknüpfungen von Ursachen mit Wirkungen eben anerkennen. Würden wir in einer Welt leben, wo wir beständig mit ungeheuren Geschwindigkeiten aus einem System in ein anderes übergehen könnten, aus einem Teil des Kosmos in einen anderen übersiedeln, so würden uns ganz sicher Möglichkeiten erfüllt, die wir heute nicht einmal als Vision träumen! Hume sagt wörtlich: „Kurz, jede Wirkung ist von ihrer Ursache verschieden; sie kann deshalb in dieser nicht gefunden werden und jede Erfindung oder Vorstellung derselben muß wenn a priori gedacht (= ohne Erfahrung), völlig willkürlich bleiben." Mit Recht betrachtet man die ungewohnte Freiheit im Denken, namentlich in bezug auf den Begriff der Zeit, als die bemerkenswerteste Leistung von Albert Einstein. Aber eben diese Freiheit hat sich Einstein als Adept Humes geholt, wie ich einer mündlichen Mitteilung entnommen habe. Daß auch Mach unter Humes Einfluß sein kritisches Denken übte, ist ebenfalls sicher.

Da nun gemäß dem S. R.-P. der Verlauf der Zeit von der Bewegung des Beobachters und von der Entfernung des betrachteten Dinges vom Beobachter abhängt, so ist es grundsätzlich nicht ausgeschlossen, daß dasjenige, was uns hergebrachterweise als normaler Zeitverlauf erscheint, unter irgendwelchen Bedingungen sich umkehren könnte[1]).

____

[1]) Ich habe einmal einen Fischfang, der kinematographisch aufgenommen worden war, vor den Schülern des Reformgymnasiums in Zürich verkehrt sich abspielen lassen. Die Fische kamen also aus dem Schiff schließlich mit Hilfe von Netzen ins Meer ... Niemand hat bemerkt, daß der Film verkehrt abgewickelt wurde! Freilich konnte auch niemand den Vorgang deuten! Als die Sache erklärt wurde, der Film

Ich bin ketzerisch genug, zu behaupten, daß ich mir das sogar als möglich vorstellen kann. Kurd Lasswitz hat in seinem hübschen physikalischen Roman „Auf zwei Planeten" einen Apparat ausgemalt, der mit Hilfe der Gravitation dem Licht nacheilt und die vergangenen Ereignisse als Projektion öffentlich vorführt. Das war schon 1895! Denken wir uns einen solchen Apparat, der immer weiter sich in den Raum hinaus bewegt. Er hole dann der Reihe nach die verschiedenen „Ereignisse" ein. Er sieht die Schlachten der Napoleonischen Zeit, läuft dem siebenjährigen Krieg nach, erblickt den Prinzen Eugen bei Blendheim, dann Gustav Adolf bei Lützen usw. Kurz, wir fahren dabei in die Vergangenheit. Nun ist dies wohl ein reines Märchen. Allein wir wollen ja nur das Denken daran üben. Wir müssen zugeben und anerkennen, daß etwaige Wesen, die sich solchermaßen von uns wegbewegen, auch ein geschlossenes und beständig fließendes Bild der menschlichen Schicksale bekommen würden. Wir können nicht behaupten, daß diese Wesen sich über die unglaublichen Aufeinanderfolgen aufregen würden. Wenn vielmehr, wie wir annehmen wollen, diese Wesen nur aus solchen Bildern ihre Kenntnisse schöpfen würden, nur an solchen Eindrücken ihren Verstand erziehen könnten — ja dann würde ihnen die verkehrte Abwicklung der Geschichte der Menschen eben als die natürliche erscheinen! Sie könnten sehr wohl auch den Begriff der Vererbung entdecken, und nichts

nochmals abgewickelt, konnte man freilich an einigen Vorgängen die Umkehrung erkennen. Während im wirklichen Bild die auf Deck geschütteten Fische sich dort nach allen Seiten ausbreiten, den Gesetzen der Schwere folgend, strömten sie beim verkehrten Abwickeln vom Deck aus wie durch eine geheime Kraft gezogen ins Netz hinauf, entgegen der vertrauten Wirkung der Schwere.

würde sie hindern, zu erklären, daß sich dieselben Dummheiten wie ein ewiges Gesetz der Vererbung durch die Schicksale der Menschheit ziehen!

Es liegt im tieferen Sinne des R.-P., daß die Zeit ihre herrschende Stellung verliert. Die Dinge stehen nicht dadurch in Beziehung, daß sich ein Werden im Laufe der Zeit im Raum ereignet; wobei zuerst Ursachen, nachher Wirkungen auftreten. Sondern vielmehr: die Gesamtheit aller Veränderungen bilden eine unzerreißbare Kette, die in eine vierdimensionale Welt eingelagert ist. An die Stelle des uns natürlich erscheinenden Werdens, das ein ewiges Entstehen und Vergehen ist, tritt ein Sein, das ein für allemal in der Welt vorhanden ist. Alles zukünftige Geschehen also, wie auch alles vergangene, ist dort nach dieser Auffassung „vorhanden". Ursache und Wirkung bilden kein zeitliches Nacheinander, sondern ein weltliches Nebeneinander.

Gerade wegen dieser unerhörten Denkschwierigkeiten, die das R.-P. aufwirbelt, hat es sich die Aufmerksamkeit der Welt in kurzer Zeit erobert. Obwohl ja kein Zweifel sein kann, daß die Dinge des täglichen Lebens durch den Inhalt seiner Aussagen gar nicht berührt werden, so ist es eben eine Eigenheit der menschlichen Natur, sich niemals mit dem Brot des Alltags zufrieden zu geben. Und wenn wir auch nicht hoffen können, im Suchen nach der Wahrheit jemals einen friedlichen Hafen zu finden, jemals sagen zu können „es ist erreicht", so wollen wir uns doch der Stationen freuen, die wir auf diesem Wege der Erkenntnis erreichen. Und eine solche Station ist das R.-P. Einsteins ganz sicher.

Zum Beschluß dieses Kapitels will ich noch einer Darlegung gedenken, die von dem verstorbenen Mathematiker

H. Minkowski stammt. Wenn auch nicht alle Leser dieses Bändchens ganz folgen können, so ist die Sache doch tiefgründig und wichtig genug, daß sie kurz dargestellt werde. Im Jahre 1908 hielt Minkowski in Köln auf der 80. Versammlung deutscher Naturforscher und Ärzte einen Vortrag, in welchem er eine originelle „Weltgeometrie" als Deutung der R.-T. vorführte. Denken wir uns, es läge das ganze Schicksal eines Punktes, oder eines Körpers, oder auch eines Menschen vor uns im Raume ausgebreitet. Zeitlos. Das heißt, alle Orte, in denen sich der betrachtete Punkt jemals befindet oder befand, seien in einem Raum markiert. Um die zeichnerische Wiedergabe zu ermöglichen, wollen wir annehmen, es handle sich nur um ebene Schicksale,

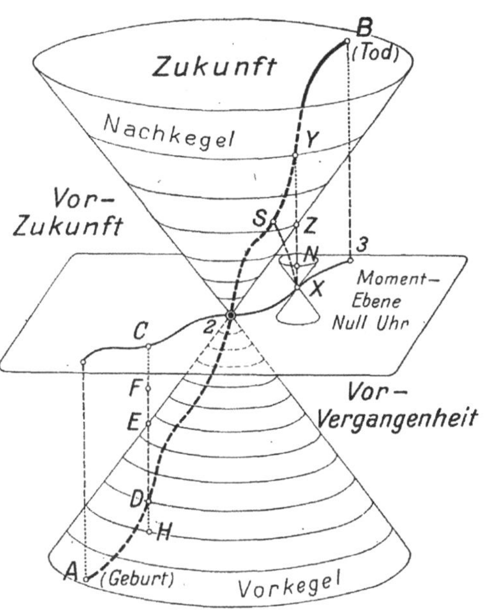

Abb. 25. Der Minkowskische Kegel, in dem das Sein, Werden und Vergehen zu einer Einheit, nämlich zum Sein verschmolzen wird.

nur um plattgedrückte zweidimensionale Wesen, deren Leben sich in einer Ebene abspielt. Dann kommt dem betrachteten Ding, sofern man es auch wirklich aus der Kette seiner Ursachen (Ahnen) und Wirkungen (Nachkommen) loslösen kann, eine bestimmte Lebenslinie zu. (Abb. 25). Die Linie 1—3 gibt sie wieder. Für einen Menschen ist also 1 die Geburt, 3 aber der Tod. Greifen wir nun in der Lebenslinie einen Ort 2 heraus. Diesem Orte schreiben wir eine irgendwie festgesetzte Zeit zu. Es sei Null Uhr. Was nun auf der Lebenslinie rechts von 2 liegt, ist später; links von 2 ist alles früher. Nun tragen wir auf der Lebenslinie in jedem Ort eine senkrechte Strecke ab, welche durch ihre Länge die Größe der bis dahin verstrichenen Zeit angibt. Dadurch machen wir die bisher bloß räumliche Lebenslinie zur Weltlinie, wie Minkowski sie nannte. Diese geht von A über 3 nach B. Der Leser erkennt nun den Sinn unserer vereinfachenden Annahme, daß der Raum hier nur 2 Dimensionen haben soll: andernfalls hätten wir die Lebenslinie nicht perspektivisch wiedergeben können. Denn die „Welt" hat für 2-dimensionale Wesen drei Dimensionen. Für uns 3-dimensionale Menschen aber hat die Welt vier Dimensionen. So wie wir nun in der Lage sind, die 3-dimensionalen Vorgänge durch eine perspektivische Skizze auf einer 2-dimensionalen Ebene wiederzugeben, so könnte man auch die 4-dimensionalen Dinge durch eine perspektivische Skizze in einem 3-dimensionalen Raum wiedergeben. Das wäre aber ein plastisches Modell und hätte keinen Platz in diesem Büchlein! — Fassen wir nun einen rechts von 2 gelegenen Weltpunkt ins Auge. Der Ort des Punktes sei X. In diesem Ort gibt es sehr viele verschiedene Weltpunkte, je nachdem, wann ich diesen Ort betrachte. Nehmen wir an, es gingen von 2 aus allerlei Wirkungen in die Zukunft hinein. Nach dem R.-P. ist nun das von 2 ausgesendete Lichtsignal ein ganz besonders wichtiges physikalisches Geschehen. Es brauche 1 Stunde nach X. Die Größe $X—Z$ sei die Länge dieser Zahl „eine Stunde". Der Weltpunkt des Wellenkopfes jenes Lichtsignals ist also um 1 Uhr der Punkt Z. Auch das betrachtete Wesen, dessen Lebenslinie $A—B$ ist, wird sich einmal in diesem Ort X befinden. Aber, da es sich sicher langsamer durch die Welt bewegt als das Licht, so wird die Zeit, die es bis dahin braucht, größer sein als eine Stunde. Nehmen wir an, es brauche 2 Stunden von dem Ort 2 bis zum Ort X. Dann trage ich in X den Wert „zwei Stunden" senkrecht ab und erhalte den Punkt Y als Bild des Weltpunktes des betrachteten Wesens. Da nun überhaupt alles, was von dem Punkt 2 ausgeht, sich nach der R.-T. langsamer bewegt als das Licht, so werden alle Dinge und Zustände, welche von 2 aus wirklich erreicht werden können, innerhalb eines Kegels liegen, dessen Grenze der Lichtkegel ist, der von 2 ausgeht. Denn was wir für X überlegt haben, wird für jeden Punkt in der gezeichneten Momentebene richtig sein.

Betrachten wir nun noch jenen Weltpunkt, der sich an dem Ort X befindet, bevor das von 2 ausgesendete Licht dort anlangt. So etwas ist sicher möglich. An jenem Ort kann doch zu jeder Zeit ein Punkt sein. Die ganze Figur gibt ja nur Tatsachen wieder, die sich von dem persönlichen Standpunkt der Lebenslinie $A—B$ ableiten, Also irgend etwas wird in X sein, bevor das Licht Z dort eintrifft, welches 2 ausschickt. Es sei dies der Weltpunkt N. Dieser Weltpunkt N steht mit der Lebenslinie $A—B$ in keinem Zusammenhang. Unser Weltpunkt Y kommt zwar auch nach X, aber später als N. Demnach ist N vorher. Aber das ist eine Art von vorher, die dem menschlichen Denken bis zur R.-T. entgangen war! Von 2 aus betrachtet ist Y die Zukunft; N aber ist „Vorzukunft". Es ist dies nämlich eine Vergangenheit, welche zur Zeit Null Uhr, für welche wir die Momentebene gezeichnet haben, für 2 noch nicht da ist!

Versetzen wir uns in den Ort C der Lebenslinie. Er wurde einige Stunden vor Null Uhr durchlaufen. Das bezeichnet man, mathematischem Gebrauch zufolge, indem man sagt: minus drei Stunden vor Null Uhr war das Wesen in C; diesen Betrag minus drei Stunden wollen wir nun nach abwärts abtragen; wir gelangen zu dem Punkt D. In diesem Punkt D der Welt war also das Wesen einmal; nämlich um 1 Uhr. Auch ein Lichtstrahl, der zur Zeit Null Uhr in 2 ist, war einmal in C; aber er hat nicht minus drei Stunden gebraucht, sondern z. B. nur minus zwei Stunden. Tragen wir minus 2 in C nach abwärts ab, so gelangen wir nach E, einem Punkte des „Vorkegels". Aber auch früher, bevor das Licht von C ausging, kann in C irgend etwas gewesen sein. Etwa um 23 Uhr, also eine Stunde vor Null. Sei dies F. Dann sagen wir: von F aus kann keine Wirkung nach dem Punkt 2 gekommen sein. Denn nach unserem Grundsatz kann sich nichts schneller als das Licht ausbreiten. Die Vergangenheit im gewöhnlichen Sinne, jene gewesenen Tatbestände, die auf den Gegenwartsmoment 2 einwirken konnten, müssen sich im Inneren des Kegels befinden, müssen Punkte wie H sein. Ein Punkt wie F ist zwar um Null Uhr schon „vorbei", aber er kann seine Kraft nicht auf 2 oder einen benachbarten Punkt auf dessen Lebenslinie erstrecken. Man wird diese Punkte F passend als die Welt der „Vorvergangenheit" bezeichnen. Alle diese Punkte, so erkennen wir, sind zur Zeit Null Uhr schon in Erscheinung getreten, aber sie haben nicht die Möglichkeit, auch schon nach 2 hin gewirkt zu haben. Sie sind vergangene Dinge, haben aber auf die Weltlinie noch nicht gewirkt. Das ist eine Art Vergangenheit, wie wir sie bisher nicht geträumt haben. Was vergangen ist, so dachten wir, das ist eben kein zukünftiges

Geschehen! Aber wenn die Tatsachen in den vergangenen Weltpunkten F überhaupt wirken sollen, so müssen wir ihre Wirkung notwendig in die Zukunft verlegen. Die schnellste Wirkung wäre ein Lichtsignal. Ein solches soll F—Y vorstellen. Wir sehen, daß diese Vorvergangenheit also wohl wirken kann, aber erst in der Zukunft! (Dieser Punkt ist sehr häufig mißverstanden worden.)

Alle Punkte im Vorkegel wie Y und B bilden im betrachteten Moment die Zukunft des Wesens in 2. Alle Punkte wie D und H aber sind die Vergangenheit für 2. Alles, was sich außerhalb des Kegels befindet, ist in diesem Augenblick Null Uhr bedeutungslos für 2.

—Noch sei schließlich hervorgehoben, daß der im Gebiet der Vorzukunft gelegene Punkt N unserer Abb. 25 zwar keine Überlieferungen erwerben kann, die jetzt von dem Wesen ausgehen, also vom Weltpunkt 2 herkommen; wohl aber ist es möglich, daß er von einem Punkte D aus der wirklichen Vergangenheit des Wesens eine Kraft spürt. Diese ist als Lichtstrahl D—N in der Figur zu denken. Alle Wirkungslinien, die schwächer geneigt sind, als die Lichtstrahlenrichtung 2—Z oder C—Y sind nach dem Weltbild der R.-T. unmöglich. Dieses Bild der Dinge und Wirkungen wäre aber unvollständig, wenn wir es nicht mit jener Auffassung vergleichen würden, die dem klassischen mechanischen Denken gemäß ist. Dieses Denken nimmt keine endliche Geschwindigkeit als die größte mögliche Geschwindigkeit an; sondern vielmehr: jede Geschwindigkeit ist denkbar, es gibt im Sinne der klassischen Mechanik durchaus keine natürliche Grenze für die Vermittlung von Wirkungen, diese Vermittlung kann sehr wohl auch schneller erfolgen als sich das Licht ausbreitet. Dann nimmt der Lichtkegel die Natur des Wirkungskegels an; dieser Wirkungskegel senkt sich, je schneller wir uns die Ausbreitungen denken, um so mehr gegen die Momentebene herab; er wird breiter. Läßt man unendliche Geschwindigkeiten zu, so erreicht der doppelte Wirkungskegel die Momentebene. Was geschieht dadurch? Das Zwischengebiet verschwindet! Es gibt dann eben keine Tatsachen aus der Vergangenheit, die nicht (wenn auch nur bedingungsweise) jetzt wirksam sein könnten. Es gibt keine Vorvergangenheit. Und ferner: wenn das Zwischenkegelgebiet verschwindet, so gibt es auch keinen Grund, warum das, was jetzt ist, nicht auf jeden beliebigen künftigen Tatbestand einwirken sollte; wenn auch nur unter Umständen! (Nämlich bei genügend schneller Kraftausbreitung.)

Dieses Weltbild muß aber nun wieder als ein einzelnes Glied in einer endlosen Kette betrachtet werden. Was wir als ein Wesen oder als einen Punkt bezeichnet haben, dessen Schicksal wir als Linie im Weltgeschehen aufgezeichnet haben, das ist ja im Grunde nur das vierdimensionale Sein der kleinsten Bausteine der Welt, ist das Sein eines Atoms. Je nachdem ob man die Welt als endlich oder unendlich ansieht, muß man eine endliche oder unendliche Anzahl solcher Kegel sich nebeneinander vorstellen, übereinander als Anschlüsse und Fortsetzungen. Die Wirklichkeit besteht dann im Dasein einer (endlichen oder unendlichen) Zahl von Wirkungslinien zwischen den Weltlinien der Atome.

Aber auch wenn man, in einem höheren Bildsinn, die Darstellung der Abb. 25 wirklich als jene eines menschlichen oder ähnlichen individuellen Wesens betrachtet, ergibt sich, daß wir uns ein irres Durcheinander von quallenhaft in die Welt hineingebauten Doppelkegeln in endloser Zahl zu denken haben. Dabei spielen die Ahnen- und Enkelfolgen eine wichtige Rolle, der Begriff der Vererbung nimmt eine weltenhafte Bedeutung an. Die Abbildung deutet einige Kegelindividuen an.

Schließlich wollen wir noch der Kausalität gedenken. Daß jede Ursache eine Wirkung hat, jede Wirkung einer Ursache entspringt: dies nennt man Kausalität. Wir haben schon bemerkt: die klassische Mechanik kam schließlich zur Auffassung, daß der Stoff ein Werden ist, kein totes Sein. Erst die R.-T. bringt den höheren Gedanken des Seins wieder zur Geltung, indem sie die Zeit aus ihrer Sonderstellung drängt. Die Welt ist nicht ein dreidimensionaler Raum, in welchem die Tatbestände zeitlich auseinanderfolgen, sondern sie ist eine vierdimensionale Wirklichkeit, in welcher ein nach Raum und Zeit gleichartig sich spannendes Dasein sich zuträgt! Die Kausalität erscheint, ähnlich wie die Kraft (im engeren Sinn), als eine in die Welt hineinkonstruierte ihr aber wesensfremde Annahme.

VII. Kraft und Stoff der Welt.

Aus dem Licht geboren, hat die Relativitätslehre neues Licht in die uralte Streitsache Kraft-Stoff geworfen. Es handelt sich hier um eine ebenso außerordentliche, als kühne und interessante Folgerung der neuen Weltauffassung, daß wir uns damit genauer beschäftigen wollen.

Das Sinnenfällig Wahrnehmbare in unserer Welt ist der Stoff. Aber der Stoff, die Welt ist kein Sein, sondern ein Geschehen. Und das Geschehen wird durch die Kräfte der Welt getrieben. Die Kraft wirkt auf den Stoff — daraufhin geschieht irgend etwas. So wirkt die Erde auf einen freischwebenden Körper, daß dieser angezogen wird. Die Schwerkraft ist eine typische Kraft im Sinne der Physik:

Ursache für Veränderungen, die vor sich gehen. Aber der Ausdruck „Kraft", vieldeutig wie alle oft verwendeten Worte, wird noch in einem ganz anderen Sinne gebraucht. Man sagt „die Elektrizität ist eine gewaltige Naturkraft" und meint damit etwas, was die strengere Ausdrucksweise „Energie" nennt oder Arbeitsfähigkeit. Während die Kraft im engeren Sinn, als Ursache für Veränderungen betrachtet, sich in Kilogramm-Gewichten mißt, wird die Kraft im erweiterten Sinn, also Energie, in Kilogramm-Metern gemessen. Energie oder Arbeit ist die Veränderung selber, die irgendwo auftritt. Die Energie kann lebendig sein, d. h. in sichtbarer Bewegung bestehen; oder auch aufgestapelt in einem Körper enthalten, schlummernd der Auslösung harren. Schon die Physik der letzten Jahrzehnte war sich über diese Verhältnisse recht klar. In einem Stück Dynamit ist eine ungeheure Energie enthalten. Wie steckt sie drinnen? Man nennt diese verpackte Arbeitsfähigkeit „potentielle Energie" und stellt sie sich als in der Anordnung der Atome begründet vor.

So ergab sich bisher folgende Energieskala:

1. Die sichtbare lebendige Kraft (= kinetische Energie) der bewegten Körper. Formel: Energie $= \frac{1}{2} m v^2$.
2. Die unsichtbare lebendige Kraft der bewegten Moleküle ist die im Körper enthaltene Wärmeenergie.
3. Die unsichtbare lebendige Kraft der Atome im Innern des Molekülbaues: die chemische Energie.

Spricht man nun von der Wechselwirkung Kraft-Stoff, so muß man sich vor allem folgendes klar machen: die wirkliche Welt zeigt nur Kräfte im weiteren Sinne, also Energien. Es gibt Wärme, Elektrizität, Bewegung mechanischer Art, Magnetismus, Licht, Strahlung allgemeiner Art; alles dies sind Energien, sind Vorgänge und nicht Kräfte im engeren

Sinn. Die „Kraft" im strengen Sinn der Mechanik ist eine reine Rechnungsgröße. Sie ist nichts Unmittelbares. Etwa so: in einem Volke gibt es Männer und Frauen; man kann sie sehen; es gibt auch Hochzeiten; die kann man auch sehen. Es gibt aber auch eine Heiratsziffer, d. h. die Angabe, wieviel Ehen auf 1000 Einwohner entfallen. Diese Ziffer kann man natürlich nicht als eine unmittelbare Anschauung genießen! Sie ist eine reine Rechnungsgröße, die wohl ihre Bedeutung hat, aber nicht ein Ursprüngliches ist in unserer Beobachtung. — So ähnlich also, das ist der Sinn dieses Vergleiches, ist die „Kraft" (wie Muskelkraft im populären Sinn) nichts unmittelbar Wahrnehmbares, sondern ein Konstruiertes.

Das wirkliche Geschehen ist nun ein beständiges Fließen der einzelnen Energieformen. Ich ziehe eine Uhr auf, indem ich eine gewisse Arbeit leiste. Diese Arbeit ist in der Feder oder in den gehobenen Gewichten aufgestapelt. Sie verwandelt sich allmählich in Bewegung der verschiedenen Räder und wegen der dabei auftretenden Reibung schließlich in Wärme. Diese verteilt sich ringsherum und bringt eine kaum bemerkbare Erhöhung der Temperatur hervor. In dieser Folge von Zuständen ist nirgends ein Platz für eine „Kraft" im Sinne „Ursache", sondern das Geschehen ist Energieumwandlung. Dabei herrscht eine ganz bestimmte natürliche Richtung des Geschehens; niemals geschieht irgend etwas, sondern stets geschieht ein ganz bestimmtes Etwas. Die gespannte Feder wird bestrebt sein, zu entspannen; die gehobenen Gewichte haben den „Trieb" zu sinken. Alle Energien streben danach, Wärme zu werden. So ist dem natürlichen Werden ein ganz bestimmter Weg gewiesen. Wie alles Wirkliche, ist auch in der Physik das Tatsächliche eindeutig. Und in diesem Fluß des Werdens ist kein Platz für die Kraft, als einer Ursache. Überhaupt ist es gerade der Ursachenbegriff, der auch durch die relativistische Denkart geläutert wird, geradeso wie er durch die obigen der klassischen Denkweise entstammenden Überlegungen aus dem Getriebe der Gedanken sozusagen „herausfällt".

Das schulgemäße Denken hat Stoff und Energie stets streng geschieden. Stoff war wesensfremd zur Energie. Der Stoff war das Gefäß der Energie, nicht mehr. Es war ein ähnliches Verhältnis wie zwischen Seele und Leib. Daher auch ähnliche Weltanschauungen sich aus dem Doppelspiel Kraft-Stoff ergaben, wie aus dem Gegensatz Seele-Leib. Die letzten Jahrzehnte haben uns den Ruf gebracht „Alles ist Stoff", das Feldgeschrei des krassen Materialismus. Auch das Leben, das Denken und Fühlen, sollte Stoff sein; aber bewegter Stoff. Auf der andren Seite rief man: „ImGegenteil, alles ist Geist und Empfindung. Der Stoff ist ein Ergebnis unserer Sinnenwelt". So die Idealisten und Positivisten. Wieder andre sagten: „Kraft und Stoff ist ewig zweierlei; oder: Seele und Leib sind die zwei Wesenheiten des Menschen". So ist die Frage nach dem Zusammenhang zwischen Kraft und Stoff ein wichtiger Punkt geworden, eine Stelle, wo sich die Geister seit Jahrhunderten schieden.

Um das Jahr 1700 und noch Jahrzehnte nachher war die Frage nach der „richtigen Formel" für die sog. „lebendige Kraft" ein beliebter Streitgegenstand. Bedienen wir uns der heute üblichen Ausdrücke, so war folgendes in Frage: wenn ein Körper mit der Masse „m" sich bewegt und dabei die Geschwindigkeit „v" zeigt, welches ist die Arbeit, die er leisten kann auf Grund seiner Masse und seiner Geschwindigkeit? Oder: welches ist die Arbeit, die man leisten muß, um dieser Masse m die Geschwindigkeit v zu geben? — Nachdem diese Frage durch viele Generationen hindurch in tausenden von Hirnen durchdacht worden war, sind wir heute in der Lage, zu erklären, daß der Ausdruck

$$^1/_2 \cdot m \cdot v^2$$

jene fragliche Arbeit, die sog. lebendige Kraft der bewegten Masse angibt. Es ist dies die von Leibnitz angegebene Formel. Gegenüber einem mitbewegten Beobachter, der die Geschwindigkeit v relativ zu irgend einem als ruhend angenommenen System ebenfalls hat, ist aber jene Energie Null! Da, wie wir gesehen haben, jeder gleichförmig bewegte Körper auch als ruhend betrachtet werden kann — man muß sich nur denken, er werde von einem mitbewegten System aus beobachtet — so ist die Größe der lebendigen Kraft eines bewegten Körpers auch im Sinne der klassischen Mechanik relativ.

Das Wort „Kraft" wird volkstümlich für „Energie" oder Fähigkeit zur Arbeitsleistung gebraucht. Diese Kraft erscheint als eine vom Stoff zwar abhängende, aber nicht von ihm allein bestimmte Eigenschaft. Die lebendige Kraft ist ein Ding, das sowohl von der Masse, als auch von der Geschwindigkeit derselben abhängt. Während aber die Masse in der klassischen Mechanik als eine absolute Größe angesehen wurde, ist die Geschwindigkeit längst als relativ erkannt. Für die praktischen Bedürfnisse der menschlichen Forschungen hat freilich die Bezugnahme auf das Sonnensystem genügt. Denn die Fixsterne üben ja auf unsere technischen, landwirtschaftlichen, klimatischen oder gesellschaftlichen Zustände gar keinen erkennbaren Einfluß aus.

Viele Physiker hielten aber seit Jahrzehnten schon ein Stück Substanz für „angehäufte Energie". Stoff hat Energie in sich, war die allgemeine Vermutung. Die Atome sind durch Bindekräfte aneinandergekettet, die Moleküle ebenfalls. Man nannte diese Energie — Formen, welche man in den Körpern vermutete, „potentielle Energien". Denn wenn die Forscher schon auch oft um die Erklärung einer Sache in Verlegenheit sind — um Namen war man nie verlegen! Nun haben einzelne phantasievolle Forscher, die zugleich gelehrt und mutig waren, schon seit langem die Erklärung abgegeben, daß Stoff und Energie überhaupt das gleiche sein müßten. Meines Wissens finden sich die ersten Gedanken dieser Art bei Wilhelm Ostwald. „Insgeheim" waren die Physiker überzeugt, daß „potentielle Energie" nur ein leerer Name ist, daß die wirklichen Energien dieser Welt eben alle kinetisch sind, d. h. irgendwie auf Bewegung beruhen. Bewegung der sichtbaren Stoffe, der Moleküle, der Atome und der Elektronen, vielleicht auch noch weiterer Körperteilchen. Es kann nur kinetische Energie geben, alle anderen Formen sind wesenlose Namen. Wenn das aber der Fall ist, so hat ein Körper viel mehr Bewegung in sich, als der sichtbaren „lebendigen Kraft" entspricht. Nun ist ja schon seit Krönig und Clausius bekannt, daß die Wärme eine dieser unsichtbaren kinetischen Energien ist: nämlich Bewegung der Moleküle. Wie aber soll man sich die ungeheure Arbeitsfähigkeit, die in einem Stück Dynamit steckt, vorstellen? Als was ist sie im Dynamit enthalten? — Wiederholt ist die Vermutung ausgesprochen worden, daß es sich nur um eine kinetische Energie innerhalb der Moleküle, also lebendige Kraft der Atome, handeln könne.

Die Erscheinungen beim Zerfall der schweren Elemente werden auf solche Weise verständlich; namentlich die bekannte Tatsache, daß das Radium stets eine nicht unbeträchtliche Menge Wärme ausstrahlt. Tag und Nacht, jahraus und ein — ohne daß man sonst eine Veränderung an dem Stoffe bemerken hätte können. Es muß also im Stoff ein Vorrat an Energie schlummern, der uns meist unzugänglich ist, der aber unter besonderen Bedingungen sich bemerkbar macht. Die neue Atomtheorie von **R u t h e r - f o r d** und **B o h r** betrachtet die Atome der Elemente als Systeme von negativen kleinen Teilchen, den Elektronen. Diese Elektronen kreisen in verschiedener Anzahl um einen positiven Kern. In einer solchen Kreiselbewegung kann eine große lebendige Kraft enthalten sein. Diese lebendige Kraft der Elektronen kann man sich nun als die Quelle jener unerschlossenen Energien denken, welche im Stoff enthalten sind.

Alle diese Überlegungen haben nun durch die R.-T. eine ganz unerwartete Stütze gefunden. Indem **E i n s t e i n** seine Formeln auf die Spitze der klassischen Physik gewissermaßen „aufsetzte", gelangte er zu dem Ergebnis, daß die lebendige Kraft eines Körpers, der relativ zum Beobachter die Geschwindigkeit v hat, durch den Ausdruck

$$m \cdot c^2 + \tfrac{1}{2} \cdot m \cdot v^2$$

c = Lichtgeschw. v = Körpergeschw m = Körpermasse

angenähert wiedergegeben wird. Der stolze Gipfel der klassischen Physik, den **E i n s t e i n** hier zum Weiterbauen benützte, ist die Theorie von **M a x w e l l.** Ihrzufolge sind Licht, Elektrizität und Magnetismus gleichartige Erscheinungen. In dieser Lehre spielt nun die Lichtgeschwindigkeit eine ganz besondere Rolle; diese Größe kommt in den grundlegenden Gleichungen **M a x w e l l s** überall vor, Leider ist es bis jetzt nicht möglich gewesen, eine neue Mechanik unmittelbar auf die Lorentzformeln aufzubauen. Es bedarf heute noch des Umweges über die Maxwellschen Gleichungen. Daher muß zugegeben werden, daß die neue

Mechanik vorläufig noch gänzlich als ein Paragraph in der neuen Elektrizitätslehre erscheint. Seinen tieferen Grund aber hat dieser Umstand, der dem hergebrachten Denken zunächst unbequem ist, in der Erkenntnis, daß der bisher in der Mechanik verwendete Begriff der Masse sich mehr und mehr aufzulösen beginnt. Masse ist Wirkung; und zwar Wirkung elektrischer Natur.

Die lebendige Kraft einer bewegten Masse ist in der R.-T. in erster Linie gleich dem Produkt aus der Größe der Masse mal dem Quadrat der Lichtgeschwindigkeit; als eine Zusatzgröße von geringerer Bedeutung erscheint die bekannte Formel $1/_2\, m\, v^2$ ... Dazu sind nun zwei wichtige Bemerkungen zu machen:

1. Die lebendige Kraft $m \cdot c^2$ erscheint als eine absolute Größe, d. h. sie hängt nicht von der Relativbewegung ab. Sie ist also auch für den mitbewegten Beobachter dem die bisher bekannte kinetische Energie als Null erscheint, vorhanden.

2. Diese bisher unbekannte „innere Energie" mc^2 ist ganz außerordentlich groß. In jedem Kilogramm eines Stoffes, unabhängig von der Natur desselben, ist eine Arbeit von 10 hoch 19 kgm aufgestapelt!

Dieser unerwartete Zusammenhang läßt aber doch eine weitere Betrachtung zu. Wenn die Energie $= mc^2$ ist, so kann umgekehrt gefolgert werden, daß die Masse

$$m = \frac{\text{Energie}}{c^2}$$

ist. Diese Gleichung, die vielleicht vielen Lesern als eine harmlose Umkehrung erscheinen mag, ist der Schlußstein in einer langen Entwicklung von Gedanken über Kraft und Stoff der Welt. Man kann den Standpunkt, zu dem die Forschung damit gelangt ist, so darstellen: bisher sagten wir, die Substanz hat Energie. Nunmehr können wir sagen: die Substanz ist Energie! Kraft und Stoff sind dasselbe. Man kann den Zusammenhang so auffassen, daß man die Masse als konzentrierte Energie ansieht. Denn einer sehr geringen Masse entspricht schon eine sehr große Energie.

Die unmittelbare Bedeutung dieser eigentümlichen Formel ist: jede Energie hat Trägheit. Ein Lichtstrahl, ein elektrischer Vorgang, eine Wärmemenge in einem Körper usw., alle diese Erscheinungen und Zustände haben mit der gewöhnlichen Masse, wie man sie in der Mechanik betrachtet, die Trägheit gemeinsam. Nichts liegt also näher, als anzunehmen, daß auch in dieser gewöhnlichen Masse, daß in einem jeden beliebigen Stück Stoff die Trägheit nur von der Energie herrührt; daß, kurz gesagt, die Trägheit Energie ist.

So löst sich ein altes Rätsel; der Stoff ist nicht die Wohnung der Kraft, auch nicht schlechthin die Quelle derselben (also der Energie ist gemeint), sondern der Stoff ist, genauer gesagt, die Quellstelle der Energie. Mit unseren gewöhnlichen physikalischen Maßmitteln betrachtet, findet sich, daß in einem geringen Stück Stoff eine sehr große Energie steckt, und umgekehrt, daß einem gewaltigen Energiewert ein sehr geringer Massenwert entspricht. Obwohl wir nun sagen müssen, daß unsere Welt, als ein ganzes betrachtet, recht arm an Masse ist, so arm, daß sie auch nicht energiereich ist, so muß doch anerkannt werden, daß sich für die Verhältnisse der Erdenbewohner relativ zu den Bedingungen ihres täglichen Lebens, etwas ganz anderes ergibt: wir sind ziemlich reich an Materie! Und ungeheuer reich an Energie! Nämlich jene noch schlummernde und vorläufig auch nicht hebbare Energie, welche im Tanz der Elektronenringe besteht. Jene Energie, die das Wesen der chemischen Elemente bedingt. Aber wir sind auf dem Weg, zu schürfen. Die verborgenen Energien heben, bedeutet nicht mehr noch weniger als wie: die Grundstoffe auflösen, ineinander überführen, den Urstoff suchen.

Dann wird die Chemie zu einem Paragraph der Physik geworden sein. Dann wird aus jedem angezapften Kilo Stoff, was es auch für ein Material sei, eine Energie von einem solchen Betrag strömen, daß man ein Jahr lang alle Eisenbahnen Deutschlands treiben könnte. Die Energie beträgt ($m \cdot c^2$) 9000 Billionen kg oder mehr als 25 Milliarden Kilowattstunden. Gleichmäßig auf den Verlauf eines Jahres, auf Tag und Nacht verteilt, lieferte diese Kraft einen Ertrag von drei Millionen Kilowatt, was bedeutend mehr ist, als die ganze Wasserkraft der wasserreichen Schweiz! Aber wir wollen die Bäume nicht in den Himmel schießen lassen: Nehmen wir immerhin an, daß die gewaltige Bindung der inneren Energien eines Körpers uns in absehbarer Zeit nicht ermöglicht, mehr als den millionsten Teil der beschriebenen totalen Kräfte des Stoffes auszuwerten. Nun wohl: Dann müssen wir, um jene drei Millionen Kilowatt zu erhalten, statt eines einzelnen Kilos Materie eben eine Million Kilogramm nehmen. Das bedeutet, daß wir statt eines kleinen Stückes einen Würfel von 70 m Seitenlänge brauchen. Aber — steinreich wie wir sind, macht uns dies gar nichts aus! Wenn es der Menschheit wirklich gelingen sollte, die im Stoff sitzende Energie herauszuschälen, so hätten wir in unseren Bergen genug Stellen, die wir ohne Schaden „abschmelzen" könnten!

Um die ungeheure Größe (am Denken des alltäglichen Vorstellungsgebietes gemessen) zu begreifen, welche sich für die Energie im Stoffe ergibt, sei noch erwähnt, was sich als Kraft im Stecknadelkopf ergibt; nimmt man die Masse als diejenige an, welche im Gewicht von einem Gramm enthalten ist, so enthält dieser Stecknadelkopf 2500 Kilowattstunden Energie! Wann aber wird der Ingenieur kommen, der diese Energie aus ihrem Dornröschenschlaf weckt? Mit einem Kilo Energie könnte man die Eisenbahnen Deutschlands ein Jahr lang treiben, — wenn usw.!

Berechnet man, unter Annahme der obigen Formel, wieviel Energie die Sonne jährlich ausstrahlt, so findet sich ein gewisser Massenverlust. Die ausgesendete Energie kann $= 2 \cdot 10^{38}$ gesetzt werden. Die Energieformel zeigt dann, daß der jährliche Massenverlust der Sonne $2 \cdot 10^{14}$ kg $= 200$ Billionen kg Stoff $=$ ca. ein Hundertmillionstel Mond beträgt. Dieser Betrag wird freilich zu einem Teil durch einstürzende Meteore wett gemacht. Da die Sonnenmasse im Ganzen zu ungefähr

$$2 \cdot 10^{38} \text{ kg}$$

angesetzt werden kann, so liegt hier eine Möglichkeit vor, das „Ende der Welt" zu berechnen. Es tritt nach ungefähr 10^{16} Jahren ein. Dann würde nämlich die Sonne erschöpft sein. Natürlich hat diese Betrachtung nur den Wert einer Überschlagsrechnung.

Was ist also Stoff? Wir könnten mit einem schönen Satz antworten: „der Träger des Seienden". Aber es geziemt sich, zu erklären, daß wir eine bündige Definition nicht haben. Wir können nur folgende Angabe machen: dasjenige an einem Stück Substanz, was die Ursache der Trägheit desselben ist, nennen wir die Masse der Substanz; genauer: die „träge Masse". Und dasjenige in einem Körper, was seine Schwere verursacht, heißt die „schwere Masse" Es wird in diesen Bezeichnungen zweierlei mit dem gleichen

Namen benannt. Denken wir uns eine Bleikugel nach dem Erdmittelpunkt gebracht. Hat die Kugel dort Schwere? Offenbar nicht, denn die Anziehung ist ja nach allen Seiten dieselbe. Die Kugel ist gewichtslos. Aber: hat die Kugel Trägheit? Wenn ich ihr einen Stoß versetze, wird sie sich gradlinig und gleichförmig weiter bewegen? Dieses Verhalten wäre ja als Trägheit zu bezeichnen. Wir müssen mit einer Gegenfrage antworten: „Was könnte denn anderes geschehen, als daß der gestoßene Körper sich bewegt, bis er auf ein Hindernis stößt"? — Darauf ist zu sagen: ein Stoß ist die Übergabe einer gewissen Kraft (= Energie) an den Körper. Daraufhin muß der Körper sich nicht notwendig in Bewegung setzen, es könnte ja sein, daß die übertragene Energie sofort ins Innere des Körpers verschwindet und z. B. jene Größe mc^2 vermehrt, die wir nach Einstein als Maß der Trägheit erkannt haben. Da c konstant ist, müßte sich m vergrößern. Was wirklich geschieht wissen wir nicht. Aber wir erkennen, daß wir uns beim Durchdenken solcher Fragen unwillkürlich von einem anderen physikalischen Gesetz beherrschen lassen: von dem Satz der Energieerhaltung! Wir können kein Weltbild brauchen, in welchem irgend etwas aus nichts entsteht oder in nichts vergeht. Über dem Prinzip der Trägheit steht noch das Prinzip von der Erhaltung der Kraft. Man sagt gewöhnlich: Trägheit ist die Eigenschaft, daß ein in Ruhe befindlicher Körper in Ruhe bleibt, bis eine „Kraft" auf ihn wirkt; und ferner, daß ein gleichmäßig bewegter Körper in Bewegung bleibt, bis er durch die Einwirkung äußerer „Kräfte" gehemmt wird. Nun ist der erste Teil ohne weiteres einleuchtend, er folgt aus dem Energiesatz; aus nichts entsteht nichts. Der zweite Teil ist aber ebenfalls im Energiesatz enthalten: würde der

Körper, welcher sich mit der Geschwindigkeit v bewegt und demnach in der klassischen Mechanik die lebendige Kraft

$$^1/_2\, m\, v^2$$

hat, von selber zur Ruhe kommen, ohne äußere Einwirkungen, so wäre ja Energie verschwunden! Allerdings bliebe die Möglichkeit, daß diese Energie „von selber" aus irgendwelchen Gründen ins Innere „gewandert" sein könnte. Übrigens ist dies alles nicht schwieriger zu durchdenken, als die Frage: wohin wandert eigentlich die von der Sonne ausgestrahlte Energie? Nur ein verschwindend kleiner Bruchteil kommt auf die Erde und auf andere Planeten. Versinkt die Energie, also die ausgespritzte Masse, wirklich ins unendliche und uferlose Nichts? Wir sind geneigt, diese Auffassung vom Versinken ins Nichts abzulehnen. Auch dabei leitet uns der Gedanke an die Erhaltung der Energie. Eher sind wir entschlossen, den Lauf der Lichtstrahlen, die ja die Führungslinien für die ausgestrahlten Massen sind, für nicht gradlinig zu erklären. Womit wir die Welt für eine begrenzte Bühne der Geschehnisse erklären würden.

Man sieht aus diesen Überlegungen, daß die Trägheit der Körper auch in der bisherigen Mechanik in engem Zusammenhang mit der Energie steht. Daher liegt die Einsteinsche Entdeckung, „die Masse eines Körpers ist ein Maß für dessen Energieinhalt" (1905) durchaus in der Richtung der gedanklichen Entwicklung der Physik. Schon 1913 sagt Laue „die Trägheit haben wir auf Energie zurückgeführt" und wir können heute ohne Scheu erklären: Trägheit und Energie sind dasselbe. Aber wie steht es mit der schweren Masse? Wenn wir jener Bleikugel im Erdmittelpunkt auch Trägheit im gewöhnlichen Sinne zuschreiben können, so ist sie doch ohne Gewicht zu denken. Das heißt, sie wird nicht „fallen". Hat sie aber darum auch keine schwere Masse? Doch wohl! Denn würden wir ihr eine Eisenkugel gegenüberbringen, so würde sich sofort die gegenseitige Anziehung der beiden Kugeln zeigen. Und wir könnten dort im Erdmittelpunkt ein kleines Planetensystem bauen. Immer angenommen, daß die Trägheit keine andre als die gewöhnliche uns bekannte Form zeigt: als Beharrung auftritt.

Nachdem wir nun die Trägheit bei einer gradlinigen gleichförmigen Bewegung auf den Energiesatz zurückgeführt haben, bleibt die Frage, ob damit das Wesen der Trägheit erschöpft ist? — Wir müssen antworten: nein, denn es gibt noch die Kreiselbewegung als Trägheitserscheinung. Die Erde ist ein solcher Kreisel, der im leeren Raum schwebend aus Trägheit sich beständig um seine eigene Achse dreht. Diese Kreiselbewegung kann man als eine Naturtatsache betrachten, die vom Energiesatz ganz unabhängig ist. Natürlich widerspricht sie ihm nicht. Die Bewegung eines Planeten um seine Sonne verläuft nach demselben Schema. Dabei hat die Forschung gezeigt, daß die bekannten Keplerschen Gesetze und die berühmte Newtonsche Anziehungsformel miteinander übereinstimmen. Aus der Verbindung beider folgt eine Beziehung zwischen den drei Grundbegriffen der klassischen Physik, die sich folgendermaßen schreiben läßt:

Masse = Raum : Zeitquadrat,

woraus sich ergibt, daß schon in der klassischen Mechanik diese drei Vorstellungen nicht unabhängig sind. Auch hieran erkennt man, daß die Kreiselbewegung ein Vorgang besonderer Art ist. Und sie ist auch ein sehr wichtiges Beispiel natürlicher Bewegungen. Denn die neuere Entwicklung der Physik zeigt, wie schon erwähnt, die Auflösung der bisher als kleine Kugeln gedachten Atome in Systeme von

kreisenden Elektronen, so daß also die Masse auf Kreiselbewegung zurückgeführt ist. Man erkennt eine schwache
Ähnlichkeit mit den in früheren Jahrhunderten üblichen
und beliebten „Wirbeln". Wir können, einigermaßen
bildlich, sagen: Masse ist jene Wirkung der Energie, die
bei konzentrierter Wirbelerscheinung auftritt. Licht aber
ist eine anders geartete, sehr massenarme Energieform:
die Energie ist in ausgespritzten Strahlen verteilt. Beide
Male aber handelt es sich um kinetische Energie, d. h.
lebendige Kraft.

Bisher galt der Stoff für das sinnenfällig Wahrnehmbare,
die Energie aber für eine kompliziertere Idee, für eine bloße
Vorstellung von etwas, dessen Wesen nicht körperlich ist.
Nun sind freilich die Elektronen, in welche wir die Atome
auflösen, auch noch körperlich gedacht. Allein sie wirken
nur durch ihre Bewegung. Ein Haufen ruhiger Elektronen
ist — nichts —; erst die Kreiselbewegung erzeugt das Atom!
Was wir also gewöhnlich als Stoff ansprechen, ist nichts
wirklich Greifbares, sondern ist eine Erscheinung, und zwar
eine Wirkung der kinetischen Energie. Dadurch erscheint
es als möglich, daß wir schließlich die Vorstellung bilden:
das wirklich Vorhandene in der Welt ist die Energie; Stoff
ist nur eine der Formen, welche die Wirkung der Energie-
zentren auf unsere Sinne haben kann.

Ohne Zweifel wird das Bild der Welt, indem es auf solche
Weise sich einfacher gestaltet, zugleich auch schwerer
verständlich. Das liegt aber wohl im Wesen der Sache.
Je genauer man irgend welche Verhältnisse untersucht,
desto komplizierter erscheinen sie dem Forscher. Nur dem
naiven und unkritischen Denken erscheint die Welt als
eine einfache und leicht verständliche Sache. Wir erkaufen
die Erkenntnis: Kraft und Stoff sind eins, mit viel Arbeit

und unter Aufgabe der klaren (d. h. scheinbar klaren) Ge-
staltung der Zusammenhänge.

Im Jahre 1916 erweiterte Einstein seine Theorie zum
,,allgemeinen R.-P.". Diesem zufolge lassen sich die vier
Angaben Länge, Höhe, Tiefe und Zeit so umformen, daß
nun die Naturvorgänge in jedem beliebig bewegten System
in gleicher Weise erscheinen. Darauf kommen wir noch
zu sprechen. Hier nehmen wir eines der Ergebnisse vorweg:
die Energie ist nicht nur träge, sondern auch schwer.
Nach den eben angestellten Überlegungen erscheint diese
Behauptung nicht sonderbar: wenn ja der gewöhnliche
Stoff nichts anders ist als Energie, so muß, da er ja doch

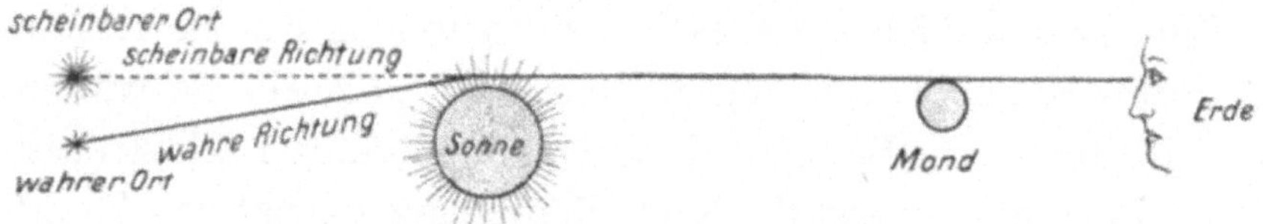

Abb. 26. Das Licht ist schwer.

Trägheit und Schwere zeigt, jede Energie diese Eigenschaften haben. Es müssen also auch das Licht und die
Wärme, elektrische Ladungen und magnetische Zustände
sich durch ihre Schwere bemerkbar machen. Dies ist für
Lichtstrahlen, welche an der Sonne vorbeigehen, im Mai
1919 nachgewiesen worden. Sie erfahren eine Anziehung
zur Sonne hin, welche bei Gelegenheit jener Sonnenfinsternis
vom 29. Mai 1919 nachgewiesen und zu 1,7 Sekunden
festgestellt wurde. Abb. 26. Eben diesen Betrag der Ablenkung hatte Einstein vorausberechnet. Diese glän-
zende Übereinstimmung zwischen Erfahrung und Berechnung gab der R.-T. in den Augen der ganzen gelehrten
Welt ein großes Ansehen.

VIII. Das allgemeine R. P.

Ich nehme einen Körper in die Hand; ich lasse ihn los und bemerke, daß er mit Beschleunigung fällt. Ob ich dabei relativ zur Erde ruhe oder gleichmäßig bewegt bin, tut nichts zur Sache: die Beobachtung ist in beiden Fällen die gleiche. Befinde ich mich aber in einem System, das selber frei fällt, z. B. in einem herabstürzenden Luftschiff, so könnte ich diese Erfahrung nicht machen. Ein Körper, den ich aus der Hand loslasse, würde vielmehr einfach schweben bleiben. Er würde, relativ zu mir, nicht fallen. Während das S.-R.-P. sich auf der Tatsache aufbaut, daß ruhige und gleichförmig bewegte Körper in unserer Welt dasselbe bedeuten, daß also die Betrachtung der wirklichen Geschehnisse sich für beiderlei Systeme gleich ergibt — finden wir für ein beschleunigt bewegtes System keineswegs Gleichwertigkeit mit einem relativ zu ihm ruhenden. Hieraus würde folgen, daß die Beschleunigung absoluten Charakter hat. Sie ist wirklich.

Das berühmteste Beispiel einer solchen wirklichen und absoluten Beschleunigung stammt schon von Newton. Es bezieht sich auf jene Beschleunigung, die in der Veränderung der Richtung der Geschwindigkeit besteht; auf die Kreiselbewegung. Ein Kreisel dreht sich im Weltraum; er plattet sich ab. Man schreibt die Erscheinung der Fliehkraft zu, die nichts anderes als eine Wirkung der Trägheit ist. Weil die Kugel träge Masse hat, wird sie beim Kreiseln abgeplattet. So erkennen wir an der Abplattung der Erde, daß sie es ist, die sich dreht; nicht der Sternenhimmel, wie der Augenschein lehrt. Wenn die

Sterne sich um die Erde drehen würden, so wäre zwar Aufgehen und Untergehen der Sterne auch verständlich (ja sogar noch besser); aber wir würden keine Abplattung an der Erde bemerken. Ist diese der klassischen Mechanik entstammende Denkweise richtig? Können wir sicher sagen, daß die Drehung großer Massen um eine ruhende Kugel wirklich nicht imstande ist, an dieser Kugel Abplattung zu erzeugen?

Nein, das können wir so sicher nicht behaupten! Es könnte recht wohl doch so sein. Es erscheint uns ganz gut verträglich mit unserer naturwissenschaftlichen Gesamteinstellung, daß die Drehung der Fixsternenwelt um die Erde dieselbe Abplattung hervorbringen könnte, wie die Drehung der Erde sie bei ruhender Fixsternenwelt erzeugt. Seit Mach erscheint uns beides als gleichwertig. Versuchen wir auszudenken, wohin die andere Meinung, die der Newtonschen Physik, uns führen würde. Wir denken uns einen Körper in einem leeren Weltraum. Ein Geist versetze ihn in Umdrehung. Dann wird er sich abplatten. So will es die klassische Auffassung; er plattet sich aus seinen eigenen inneren Eigenschaften heraus ab; um seiner selber willen; aus Trägheit. Die Abplattung — oder die Trägheit — sind danach Eigenschaften im nackten leeren Raum. Diese Auffassung hat schon Mach erschüttert. Er konnte im leeren Raum nichts finden, was ihm Ursache für die Abplattung hätte sein können. Daher dachte er, als Erster, an die Wirkung der fernen Massen. Wir wissen heute, daß diese fernen Massen, wie weit sie auch von uns weg sein mögen, ganz unfaßbar, ja fabelhaft groß sind. Es ist sicher, daß wir uns mit dem Sonnensystem durchaus im Bannbereich der Wirkung dieser fernen Massen befinden. Wir können annehmen, daß die allseitig wirkende

Trägheit von dieser Beeinflussung stammt[1]). Demnach ist diese Erscheinung, nämlich die Trägheit, nichts anderes als eine Folge der Schwere; denn was sollte jene ferne Wirkung anderes sein, wenn nicht Schwere?

Es ist durchaus nicht dasselbe, ob wir uns einen Körper im Mittelpunkt der Erde denken oder aber fern von allen anziehenden Massen an einer stoffarmen Stelle des Weltraumes. Zwar wird der Körper an beiden Orten kein Gewicht zeigen. Dies aber aus verschiedenen Gründen. Im Mittelpunkt der Erde heben sich die verschieden gerichteten Schwerewirkungen gegenseitig auf — in jenem fernen Punkt des öden Weltraumes aber ist die Schwere nicht vorhanden. Doch diese Überlegung ist uns nur eine Brücke. Wir schließen weiter: wir selber, die nachbarlichen Planeten mit unserem Sonnensystem, wir sind in einer solchen Mitte. (Siehe 2. Kapitel.) Auch wir erkennen an uns keine Beschleunigung, also keine Schwere. Aber dies doch wohl nur darum, weil unsere Zeiteinheit für kosmische Verhältnisse sehr klein ist, und weil wir vielleicht ungefähr in der Mitte der Welt sind. Diese Überlegung führt also zu dem Gedanken, daß die Trägheit eine sekundäre Erscheinung sein könnte, nämlich eine Wirkung der Schwere. Trifft diese Vorstellung zu, so verhält sich ein Körper im Mittelpunkt einer schweren Masse total anders als in einer stoffleeren öden Welt: im ersteren Fall zeigt er Trägheit, im letzteren aber nicht!

Niemand hat darüber Erfahrungen gemacht. Die allgemeine Meinung geht dahin — daß die Trägheit an einer

---

[1]) Sollte einmal, was nicht gerade unmöglich erscheint, die Größe der Trägheit nach verschiedenen Richtungen sich als verschieden erweisen, so wären wir eben nicht genau in der Weltmitte!

einsamen Stelle des Weltraumes, fern von allen Massen, die gleiche ist, wie irgendwo; d. h. daß sie ihren Sitz nur in der Masse selber hat. Das widerspricht aber jedem folgerichtigen Denken. Wie wir schon festgestellt haben, sind wir seit Mach uns darüber klar, daß die Trägheit unbedingt aus einer Wirkung der anderen Massen auf die betrachtete zu erklären ist. Diese Wirkung kann aber wohl kaum eine andere sein, als die Schwere. Was im Banne der Schwere ist, zeigt Trägheit, wenn auch kein Gewicht zu bemerken ist. So betrachtet, verliert die Gravitation die isolierte Stellung im Gebäude unserer schulgemäßen Physik und sie wird, wie in der wirklichen Welt, eine Hauptsache.

Die A. R.-T. ist ein Versuch, den Gedanken der Relativität auf Systeme auszudehnen, die sich nicht mehr gegenseitig gleichförmig bewegen. Also auf Systeme, von denen das eine relativ zum andern „fällt“. So wie die Newtonsche Physik eine Annäherung an die S. R.-T. ist, kann die S. R.-T. als eine Annäherung an die A. R.-T. betrachtet werden. Da es ja eine wirklich gleichförmige Bewegung, relativ zu was immer, eigentlich nur „zufällig“ geben kann, war es aus rein logischen Gründen geboten, die S. R.-T. zu erweitern. Die dabei zu überwindenden Schwierigkeiten waren so groß, daß sich der Fernstehende nicht einmal ein Bild dieser Größe machen kann, geschweige denn näher in die Frage eindringen könnte. Wir versuchen hier nur, einige Umrisse festzuhalten und die Ergebnisse zu beleuchten.

Das S. R.-P. erklärt: die Naturvorgänge erscheinen in zwei relativ zueinander gleichförmig bewegten Systemen gleich, wenn man jene Zusammenhänge zwischen Raum und Zeit annimmt, die in den Lorentz-Formeln enthalten sind. Alle diese Systeme bilden eine Gruppe, bilden geradezu ein System. In diesem System gilt der Satz der Trägheit in solcher Weise, wie ihn die klassische Physik lehrt: nämlich als eine gegebene und nicht weiter erklärbare Eigenschaft des Raumes. Welche Schwierigkeiten diese Vorstellung einer Trägheit in bezug auf den Raum in sich birgt, das soll nicht näher untersucht werden. Nur eines wollen wir etwas durchdenken: die gradlinige Bewegung eines nur der Trägheit unterworfenen Körpers. Man stellt sich vor, daß ein in den Weltraum hinausgestoßener Körper, der sich selber überlassen ist, eine gradlinige Bahn mit gleichbleibender Geschwindigkeit beschreibt. Da muß nun folgendes gesagt werden. Wenn keine Weltkörper vorhanden sind, haben wir auch nicht die Möglichkeit, die Bewegung des gestoßenen Körpers wirklich festzustellen. Wir **können** unmöglich die Bewegung im leeren nackten Raum selber registrieren. Körper, auf die wir unser Bezugssystem stützen, sind durchaus unentbehrlich. Wenn wir nun, entsprechend der Wirklichkeit, ihre Existenz annehmen, so haben wir auch sofort die gegenseitige Wirkung dieser Körper und des Versuchskörpers, der in den Weltraum hinausgeschleudert wurde, zuzugeben. Von einer geraden Linie wird dann nicht mehr die Rede sein können. Also haben wir wieder eine schwierige gedankliche Lage: ohne Weltkörper läßt sich überhaupt nichts erkennen; mit Weltkörpern wird die Bewegung gewiß nicht gradlinig sein.

Die andere grundlegende Eigenschaft des Stoffes, die Schwere, erscheint ebenfalls in der klassischen Physik wie auch in der S. R.-T. als eine ganz unerklärte und isolierte Tatsache. Und doch ist seit langem bekannt, daß zwischen Trägheit und Schwere ein sehr eigentümlicher Zusammenhang besteht. Untersucht man an ein und der-

selben Stelle verschiedene Körper mit einem Fliehkraftpendel (Abb. 27), so findet man, daß die Schwere der verschiedenen Körper sich im gleichen Maß ändert wie die
Trägheit; je schwerer, desto träger und umgekehrt. Dieser

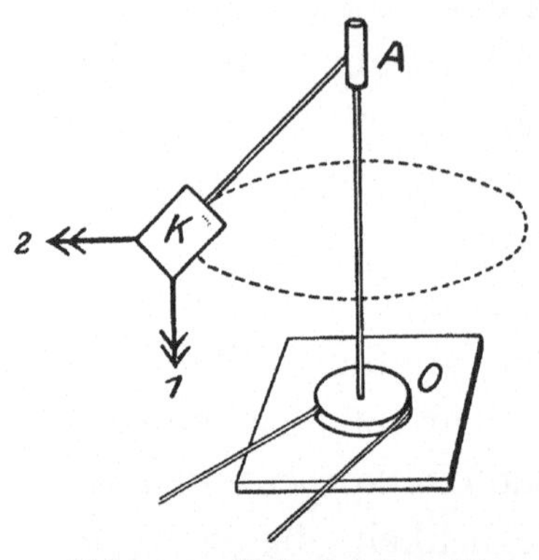

Abb. 27. Bei gleicher Um-
drehungsgeschwindigkeit
steigt das Fliehkraftpendel
für alle Stoffe gleich hoch.
Die schwere Masse *1* wirkt
genau so wie die träge
Masse *2*.

Satz ist ja auch im bekannten
Fallgesetz des Galilei enthalten:
„Alle Körper fallen gleich schnell.‘‘
Man ist sich selten klar, daß hier
zweierlei behauptet wird: daß
nämlich erstens die verschiedenen
Gewichte desselben Stoffes (z. B.
Eisen) gleichschnell fallen und daß
zweitens auch die gleichen Gewichte
verschiedener Stoffe gleich
schnell fallen. Aus der Verknüpfung beider folgt dann die Er-
kentnis — die sich also mit der
stets beobachteten Wirklichkeit
deckt —: alle Körper fallen gleich
schnell. Was nun die erste der beiden Behauptungen angeht,
so kann man leicht erkennen, daß sie selbstverständlich ist.
Ein Gramm fällt so schnell wie ein anderes Gramm derselben
Stoffart; es ist ja kein Grund für eine Änderung vorhanden. In einem Kilo fallen eben alle tausend Gramm
unabhängig voneinander und sie fallen alle parallel und
gleichartig. Das Kilo fällt nicht anders als die Teile. Die
zweite Behauptung aber, daß auch verschiedene Stoffe
gleichschnell fallen, ist zunächst nicht ohne weiteres verständlich. Am einfachsten wird sie begriffen, wenn man
sich auf den Standpunkt stellt, daß alle verschiedenen
Stoffe aus demselben Urstoff bestehen. Daß also in
einem Stück Eisen und in einem Stück Aluminium im Grunde

derselbe Stoff, nämlich der unbekannte Urstoff, fällt. Der Leser muß diese Frage gut durchdenken; die Lösung lohnt die Mühe!

Denken wir uns nun folgendes aus: Ein Weltschiff sei auf einer Reise in die Tiefen des Raumes begriffen. Jedesmal, wenn es sich in der Nähe größerer Massen befindet, wird deren Anziehungskraft wirksam in Erscheinung treten. Aber die im Inneren des Weltschiffes befindlichen Körper werden nicht „fallen"; weil ja das ganze Schiff fällt. Nehmen wir aber an, das Schiff sei in einer stoffarmen Gegend des Raumes, in der also keine bemerkbare Schwere herrscht. Doch die Trägheit möge wirken (nach Einstein). Nun möge ein „Wesen von uns gleichgültiger Art" (E.) einen Zug von konstanter Größe auf das Schiff ausüben. Das Schiff erhält also nicht einen einmaligen Stoß, auf Grund dessen es sich angeblich gleichförmig gradlinig bewegen würde, sondern es erfährt eine unveränderliche Kraft, infolge der es sich mit zunehmender Geschwindigkeit, mit konstanter Beschleunigung bewegt. Nun werden alle Gegenstände im Innern des Schiffes „zu Boden" fallen. Die Reisenden werden einen Druck in den Knien spüren. Ein Körper, der vom Boden aufgehoben wird, fängt an, sofort zu Boden zu fallen. Kurzum, es treten alle jene Zeichen auf, welche die Reisenden als Wirkung der Schwere erkennen können, wenn sie die Erfahrungen der Bewohner der Erde haben. Dabei wird die Beschleunigung für alle Körper gleich groß sein; denn sie ist ja in diesem Fall gar keine „wirkliche" Beschleunigung vieler verschiedener Körper gegen den Boden, sondern sie ist nur die e i n e Beschleunigung des Bodens selber gegen die Körper. „Der Mann im Schiff wird also, gestützt auf seine Kenntnisse vom Schwerefeld, zu dem Ergebnis kommen, daß er samt dem Schiffe sich in einem zeitlich konstanten Schwerefeld befinde. Er wird allerdings einen Augenblick lang verwundert sein darüber, daß er in diesem Schwerefeld nicht falle. Aber da entdeckt er den Haken in der Mitte der Decke und das an demselben befestigte gespannte Seil, und er kommt folgerichtig zu dem Schlusse, daß das Schiff in dem Schwerefeld ruhend aufgehängt sei." (Einstein sagt statt Schiff: Kasten.) Nun erklärt Einstein folgendes: da es also möglich ist, die Wirkungen der Schwere durch eine gewisse Bewegung des ganzen Systems zu erzielen, so sind die beiden: Schwerkraft einerseits und gleichförmige beschleunigte Bewegung andererseits, äquivalent. Das ist Einsteins berühmte Äquivalenzhypothese. Aus ihr ergibt sich, daß sich die Welt überall dort, wo Schwerkraft herrscht, beschreiben läßt, indem man ein gleichförmig beschleunigtes System einführt, auf dem sich die Beobachter befinden; in diesem System entstehen dann bloß durch die Bewegung alle Wirkungen der Schwerkraft … Damit ist, wie durch ein Taschenspielerstück, die Schwerkraft als eine unbekannte geheimnisvolle Wirkung ausgeschaltet und durch einen rein mechanischen Vorgang ersetzt. Aber nur der blinde Kritiker wird glauben, Einstein habe damit die Schwerkraft „falsch erklärt". Damit ist über das Wesen der Schwerkraft gar nichts weiter gesagt. Denn das Geheimnis ist ja nur verschoben. Statt der Bewegung der gleichmäßig beschleunigten Körper ist die gleiche Bewegung des Systems getreten. Wie diese zustande kommt, ist unerklärt.

Nun erklären wir: unsere relativistische Vorstellung wird nur ausgebaut und folgerichtig weiter entwickelt, wenn wir annehmen, daß die Beobachter im gleichmäßig beschleunigten Schiff sich als ruhend ansehen. Wenn also mit anderen Worten, zwei Systeme, die gegeneinander gleichmäßig beschleunigt bewegt sind, als gleichberechtigt gelten. Wenn jeder der beiden also bewegten Beobachter sich selber als den ruhenden, den anderen als den gleichförmig beschleunigten bezeichnet. — Da wir ja immer mehr erkennen, daß wir das innere Wesen der in der Natur wirksamen Beziehungen nicht endgültig erforschen können, so kommen wir eben dazu, uns auf die Erforschung der rechnerischen Zusammenhänge zu beschränken. Das Äquivalenzprinzip bietet die Möglichkeit, Schwere und Trägheit formell miteinander zu vertauschen.

Erinnern wir uns des Grundsatzes I, demzufolge sich in unserer Welt eine absolute Bewegung nicht nachweisen läßt. Nehmen wir nun an, zwei ganz beliebig gegenseitig bewegte Physiker bemühen sich beide, die Gesetze der Welt zu bestimmen. Schließlich baut jeder ein Lehrgebäude auf. Darin gibt es Voraussetzungen, die unbewiesen hingenommen werden müssen, und Prinzipe, welche der Beobachtung entstammen, die also ebenfalls angenommen werden müssen. So haben wir z. B. den Satz: „die euklidische Geometrie ist immer und überall gültig" als eine Voraussetzung in unserer Physik. Den Satz aber: „Die Energie eines abgeschlossenen Systems ist unveränderlich" betrachten wir als ein Prinzip, das sich aus vieler Forscherarbeit ergeben hat. Ferner kennen wir außer den Voraussetzungen (Axiomen) und den Prinzipien (= grundlegenden Sätzen) auch noch die aus beiden rechnerisch abgeleiteten Lehrsätze. Wenn sich z. B. ein Stab bei einer gewissen Erwärmung um zwei pro mille ausgedehnt hat, so sagt ein Lehrsatz etwas darüber aus, wie sich unter den gleichen Bedingungen ein Würfel aus diesem Material ausdehnen würde: um 6 pro mille.

Es seien nun die beiden wissenschaftlichen Systeme des A. und des B. vollendet. Die beiden Forscher sollen nun eine Zusammenkunft haben. Vergessen wir nicht, daß sie sich gegenseitig in ganz willkürlicher Weise bewegt haben sollen. Der eine hat vielleicht, vom Standpunkt des anderen betrachtet, sich in einer engen Spirale in die Weltraumtiefe hineingebohrt. Bei ihrer Zusammenkunft werden sie sich nun gegenseitig ihre Erfahrungen vorlegen. Angenommen, es erweise sich das System des A. als einfacher. Wir wollen annehmen, daß sich ein solcher Schluß wirklich bündig ziehen läßt! Wenigstens nimmt Einstein und mit ihm sehr viele Physiker an, daß sich die Ansicht, eine gewisse Anschauung sei einfacher als eine andere, stets aufrecht erhalten läßt. Es entsteht nun folgendes Gespräch: Forscher A.: „Kollege B., Sie müssen zugeben, daß Sie sich bewegt haben, und zwar in der Welt wirklich bewegt. Denn Ihre Ergebnisse weisen wegen der Komplikation der Zusammenhänge darauf hin, daß in ihnen nicht nur das Wesen der Dinge selber enthalten ist, sondern auch noch der Widerschein Ihrer eigenen Bewegung. Geben Sie dies zu?“ — Darauf wird der Forscher B. antworten: „Ich habe zwar den Eindruck, daß Sie es gewesen sind, Kollege A., der sich bewegt hat. Ich hatte den Lauf ihres Wohnplaneten bestimmt und fand eine Spirale. Aber ich muß nun allerdings einräumen, daß meine Physik komplizierter geworden ist als die Ihre. Es bleibt mir denn in der Tat nichts übrig, als zuzugeben, daß ich in Bewegung war, und Sie in Ruhe. Ich muß lediglich nur den Fall vorbehalten, daß sich irgendwo im Kosmos vielleicht noch ein dritter Forscher findet, der noch einfachere Ergebnisse gefunden hat als wir beide.“

Wir erklären nun folgendes. So wie sich heute im Denken der Menschen die Welt der wirklichen Dinge spiegelt, können wir nicht zugeben, daß es Systeme geben soll, die „ruhend" sind. Wir sind vielmehr überzeugt, daß kein System vor einem anderen einen wirklichen Vorzug haben kann. Wir müssen daher von einer wahrheitsgetreuen Naturbeschreibung verlangen, daß sie so ausfalle, daß niemand aus ihr einen Schluß auf die Bewegung des beobachtenden Physikers ziehen soll können. Es soll nur eine Wahrheit geben, und diese muß dieselbe sein für alle, die sie suchen.

Man erlaube mir ein etwas ungewöhnliches Bild als Denkübung für diese Überlegung. Ein großer jüdischer Lehrer hat gesagt: „Liebe Deine Feinde." Nehmen wir an, jemand wolle sich ernstlich mit dieser Aufforderung auseinandersetzen. Er erklärt: er könne wohl seine Angehörigen und auch alle jene Menschen lieben, die ihm nichts Böses zugefügt haben. Er fügt hinzu: diejenigen aber, welche aus wirklicher Bosheit mir Schaden zugefügt haben, kann ich unmöglich lieben. Ja, ich erkenne vielmehr ganz klar, daß eine solche Liebe geradezu widernatürlich wäre! Denn es entspricht durchaus den natürlichen Trieben, sich gegen die Feinde zu wehren. Wollte jemand wirklich seine Feinde lieben, so müßte er binnen kürzester Frist umkommen. Dann würden gerade alle jene Menschen, welche dem Gebote der Liebe nachleben, zugrunde gehen; und jene, die es nicht befolgen, blieben am Leben.

Gegen diese Bemerkung scheint nichts einzuwenden zu sein. In der Tat zeigt die wirkliche Geschichte der Menschen, daß das Gebot „Liebe deinen Feind" eben schlechthin nicht befolgt wird. Wer liebt auch seinen Feind? — Indessen, es gibt mehr als einen Weg, um jenes Gebot zu verteidigen, es als das tiefste Erkennen und das höchste Ideal hinzustellen. Ist nicht ein jeder böse Mensch als kran k zu betrachten? Soll man nicht danach streben, ihn gesund zu machen? Bedeutet nicht, wenn man Böses mit Bösem erwidert, dies den ewigen Fortbestand des Bösen? — Kann man das Prinzip des Bösen besser entwaffnen als durch stumme Liebe? — Und ferner: wäre nicht die Richtigkeit des Satzes mit einem Schlage klar, wenn alle Menschen sich dem Gebote fügen würden? Heißt nicht „Liebe deinen Feind", daß alle ihre Feinde lieben sollen? Es ist klar, daß es dann keine Feinde mehr gäbe und daß damit dieses Gebot der Liebe von selber überflüssig würde!

Um seinen Feind lieben zu können, muß man in dessen Gedankenwelt eindringen; man muß versuchen, sich seine Einstellung zu den Dingen des Lebens begreiflich zu machen. Man wird sehr viele bekannte Züge finden, man wird schließlich erkennen, daß man mit einigem Verstand sich zur Erkenntnis emporschwingen kann, daß sich die Welt im Kopf des „Bösen" gar nicht so sehr verschieden von der Art widerspiegelt, wie sich der eigene Kopf sie malt! — Ja — vielleicht habe ich selber in manchem unrecht und werde durch dieses liebevolle Eingehen in die Eigenart des anderen erst dieses Unrechts gewahr! So kann, meine ich, als ein Ergebnis solcher Betrachtung der Satz entstehen: im Grunde meinen wir alle dasselbe! Dann verstehen wir: nicht die differentielle Behandlung, sondern die gemeinsame und gleiche Behandlung ist die Wahrheit, Nicht: „Liebe deine Freunde, hasse deine Feinde" ist der richtige Satz, sondern eben „Liebe deine Feinde", denn das andere ist ja selbstverständlich; der Satz bedeutet: „Liebe alle."

Wie nun diese Forderung des jüdischen Lehrers eine hohe Ethik voraussetzt, so ist das Verlangen des A. R.-T.

ein ähnlich unerhörtes, gegen dessen Anerkennung sich alles landesübliche Denken strebt. Wie kann, so erwidert man, sich dieselbe Weltauffassung ergeben für einen Physiker, der beständig um seine eigene Achse rotiert und für einen anderen, der ewig sich gradlinig in die Welt hinein bewegt? — Darauf ist zu antworten: wir müssen versuchen, unsere Gedankenwelt dieser Forderung anzupassen. Wir müssen lernen, die Welt so zu beschreiben, daß sie allen Beobachtungen gleichermaßen gerecht wird. Denn niemand soll vor dem andern den Vorzug haben, daß er allein sich in einem ausgezeichneten Zustand befinde. Fällt es uns auch schwer, die Mittel und Wege zu finden, eine solche wahrhaft natürliche Beschreibung der Welt zu liefern, so dürfen wir die Forderung danach nicht aufgeben.

Die Meinung, der andere habe ganz schlechte Beweggründe für seine Handlungen, ich aber hätte gute Gründe — wir beide also hätten verschiedene Gründe, ist irrig. Wir haben beim genaueren Zusehen beide die gleiche Einstellung zu den Dingen der Welt, wir haben auch die gleichen Urteile. Nur dem blinden Vorurteil kann es so scheinen, als sei jener schlechter als du und du besser als er. Als gäbe es gute und sehr gute, schlechte und sehr schlechte Menschen. Nein: Alle Menschen sind gleich gut!

Ich hoffe, daß der Leser die Bildkraft des Vergleiches spürt: auch hier, in den Fragen der Ethik, wo wir ganz sicher zu sein glauben (wenn wir oberflächlich denken), daß es gut und böse gibt, finden wir bei ernstem Denken, daß es im Grunde nur eine Art Seele gibt: eben die menschliche!

Einstein hat mit der A. R.-T. versucht, ein Bild der Welt zu malen, dessen Formulierungen nicht davon abhängen, von welchen Fenstern aus man in diese Welt guckt. Die Wirklichkeit sollte auf eine Weise beschrieben werden, daß der rotierende Beobachter sich ebenso befriedigt fühlt wie der gleichförmig bewegte und wie der in die Sonne stürzende Meteorenbewohner. Dieselben Gesetze sollen für alle wie immer bewegten Systeme gelten — das war die Forderung, die Einstein an die Leistungsfähigkeit der mathematischen Darstellung stellte. Mit Hilfe des begabten Mathematikers Marcel Grossmann hat Einstein vermocht, solche Formulierungen wirklich zu finden. Denken wir nur an die beiden wichtigsten Trägheits-Bewegungen: die gleichförmig gradlinige und die gleichmäßige Kreiselbewegung. Dem Beobachter auf einem System soll nun die Welt ebenso erscheinen, wie dem Erdbewohner auf seinem rotierenden Kreisel!

Man begreift, daß Einstein in der A. R.-T. nicht mehr vermochte, die Dinge der Welt durch die vier sinnenfälligen Angaben Länge, Höhe, Breite und Zeit zu beschreiben. Sondern aus ihnen wurden neue Gedankengebilde abgeleitet — eine Arbeit, die übrigens schon vor einem Jahrhundert durch Gauss geleistet worden war, den deutschen Mathematiker-Kaiser — mit deren Hilfe es dann tatsächlich möglich wurde, der Forderung Genüge zu leisten: die Gesetze der Physik sollen die gleichen sein, wie immer das System auch bewegt sein möge, von dem aus diese Gesetze bestimmt werden.

Es gibt nicht viele Menschen auf unserem Planeten, die in der Lage sind, den mathematischen Inhalt der neuen Theorie Einsteins restlos zu verstehen. Ich bin auch überzeugt, daß Einstein selber nicht überall folgen kann, wohin die Gewalt des verwendeten mathematischen Rüstzeuges ihn geführt hat. Aber wie in der S. R.-T. die kühne

Relativierung der Zeit eine Tat von bleibendem Verdienst und erster Größe ist, so gestaltet sich in der A. R.-T. die Forderung der Eindeutigkeit, die Einstein an die Welt stellt, zu einem philosophischen Gedanken von dauerndem Wert.

Von den rechnerischen Siegesbeuten, die Einsteins A. R.-T. heimbrachte, hat eine ganz besonderen „Staub aufgewirbelt", wenn man so in astronomischen Dingen sprechen darf. Ein-stein hat die Newton-sche Formel für die all-gemeine Schwerkraft verbessert! Mit dieser verbesserten Formel hat er die sog. Perihelbe-wegung des Merkur er-klärt (Abb. 28). Das Perihel (= die Sonnen-

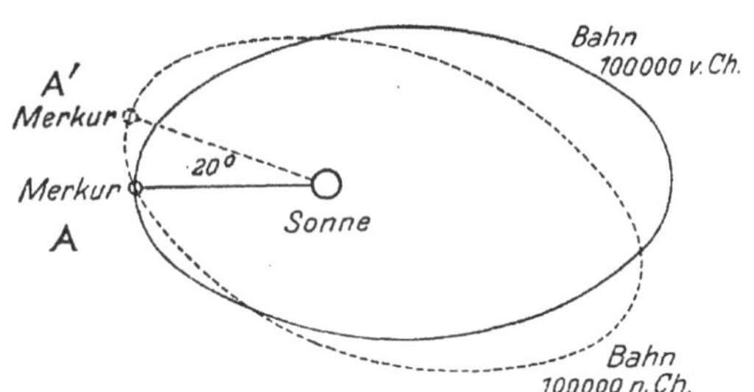

Abb. 28. Veränderung der Ellipsenbahnen im Laufe der Zeit. (Perihelbewegung des Merkur.)

nähe) bewegt sich in einem Jahrhundert von *A* nach *A'*, was einem Betrag von 43" entspricht. Nun muß allerdings gesagt werden, daß eine Erklärung auch schon vor Ein-stein gegeben wurde, und zwar von Gerber. Mit genau derselben mathematischen Formel, aber von einem Standpunkt aus, den wir als Ätherstandpunkt bezeichnen. Zunächst dürfen wir aus der Übereinstimmung beider Formeln schließen, daß sie doch wahrscheinlich richtig sind. Dann kommt in Betracht, daß die A. R.-T. gar nicht zu dem Zwecke abgeleitet wurde, jene Erscheinung der Perihelbewegung zu erklären. Die A. R.-T. ist nicht, wie man zu sagen pflegt, a d h o c erfunden worden für diesen Endzweck, sondern sie bedeutet eine im ganzen Bereich der Natur behaupteten Zusammenhang. Mit denselben Überlegungen findet sie neue Anschauungen in allen Gebieten der Physik. Dadurch erweist sie sich mindestens als eine brauchbare Grundlage der Forschung. Mehr kann man heute nicht sagen. Aber auch das ist, angesichts ihrer revolutionären Gedanken, sehr viel.

Nicht minder lebhaft war das Interesse für eine zweite Frage, die in dem Schlagwort zutage tritt: Licht ist schwer. Einstein sagte voraus, daß ein an der Sonne vorbeigehender Strahl eine Ablenkung von 1,7 Sekunden erfährt (Abb. 25). Wir haben schon oben (S. 123) davon gesprochen. Mit bedeutender Spannung haben die Freunde wie die Gegner die Ergebnisse der englischen Sonnenfinsternis-Expedition erwartet, die im Mai 1919 jene Ablenkung suchen sollte. Wenn sie sich zeigte, war Einsteins Lehre glänzend gerechtfertigt; wenn nicht, so war sie falsch! — Die Ablenkung wurde nun wirklich gefunden. Daraufhin erfolgte eine beinahe feierliche Anerkennung der R.-T. durch den Präsidenten der englischen Akademie der Wissenschaften. „Seit Newtons Wirken", sagte Herr J. J. Thomson, „ist dies der größte Fortschritt in der Physik." Und er fügte hinzu: „Schade, daß die neue Lehre in ein so schwer verständliches Gewand gekleidet ist." Wenn also der Leser über diese oder jene Schwierigkeit ungehalten ist, so möge er sich trösten: in den ersten Jahren haben nicht einmal die engeren Fachgenossen Einsteins seine neue Lehre verstanden! Und als man allmählich sich mit den Gedankengängen der S. R.-T. vertraut gemacht hatte ... da kam die A. R.-T., deren Lehren und Anschauungen gegen jene der S. R.-T. noch viel unfaßbarer und vertiefter sind. Die Schwierigkeit liegt meiner Meinung nach nicht eigentlich in der Sache selber, sondern in unseren unvollkommen entwickelten Hilfsmitteln. Zwar ist es richtig — wie wir

schon einmal erklärt haben — daß sich dem ernst forschen-
den Menschen die Natur als viel komplizierter zeigt, als
dem Naiven, der überall einfache und durchsichtige Zusammenhänge annimmt. Jeder Vorgang, sei er noch so
harmlos, ist grenzenlos verwickelt und hängt durch zahllose Fäden mit ebensolchen anderen Vorgängen zusammen.
Wer dies erkennt, kann grundsätzlich nicht verlangen,
daß eine weltumspannenden neue Lehre kindlich einfach
sei. Es ist doch recht belehrend, zu sehen, wie früher die
Welt für einen begabten Jüngling von 18 Jahren eine
in vieler Hinsicht begreifliche Sache war, während heute
der Zusammenhang der grundlegenden Vorstellungen vom
Bau der Welt erst begriffen werden kann, wenn man
wenigstens zwei Jahre lang speziell höhere Mathematik
betrieben hat!

Aber die geschichtliche Betrachtung hilft uns, Trost
zu finden. Wenn wir bedenken, wie die ersten Männer
ausgelacht wurden, die den Gedanken von den Antipoden
aussprachen, so begreifen wir, daß die Gelehrten zu jener
Zeit (bis ins Zeitalter des Kolumbus) eben unfähig waren,
ohne ernste innere Arbeit die neue Anschauung zu erfassen.
Und ernster Arbeit bedarf es auch heute, die neue Stufe
der Erkenntnis zu erklimmen. Auch in der Physik fliegen
niemand die gebratenen Vögel ins Maul und auch der Verfasser hat den Nürnberger Trichter nicht erfunden.

So bedeutungslos die ganze R.-T. für die Dinge des
täglichen Lebens sind, so einschneidend sind ihre theoretischen und grundsätzlichen Forderungen. Man kann sagen:
Nichts bleibt, wie es war! Wir wollen noch ausdrücklich
erwähnen, daß auch die Lehren der Geometrie es sich
gefallen lassen müssen, als eine Annäherung an die Wirklichkeit zu gelten. Wahr ist die Geometrie, wie wir sie in

der Schule gelernt haben, schon. Aber wirklich ist sie nicht. Nicht ganz! — Wobei der Leser merkt, daß Wahrheit und Wirklichkeit zweierlei sein kann.

Mathematischer Anhang.

§ 1. Der Sturz ins Erdzentrum. Zu Kapitel II, S. 16.

Befindet sich der fallende Körper t Sekunden nach Beginn der Bewegung in der Entfernung x vom Mittelpunkt, so gilt:

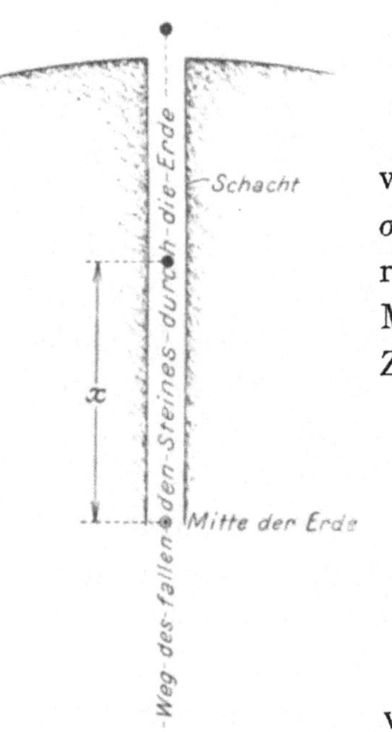

Abb. 29.

$$1)\quad \frac{d^2 x}{dt^2} = -k \cdot \frac{\frac{4}{3}\pi\cdot\sigma\cdot r^3}{x^2},$$

wobei k die Gravitationskonstante und σ die Erddichte ist. Zur groben Berechnung nehmen wir σ konstant an. Man findet dann als Sturzdauer ins Zentrum:

$$2)\quad T = \underset{\text{I}}{\frac{\pi}{2\sqrt{E}}} = \underset{\text{II}}{\frac{1}{4}\sqrt{\frac{3\pi}{k\sigma}}} \quad\underset{\text{III}}{}$$

$$= \underset{\text{IV}}{\frac{\pi}{2}\sqrt{\frac{r}{g}}} = \underset{\text{V}}{21^{\min}},$$

wobei E die Masse der Erde bedeutet, r ihren Radius und g die Beschleunigung an der Erdoberfläche $\left(T = \text{ca.}\ \frac{3000}{\sqrt{\sigma}}\right)$

§ 2. Der Sturz in die Mitte des Weltalls.

Aus Betrachtungen über die Anzahl und Masse der Sterne im Raum kann man schätzungsweise die Dichte

$\sigma = 10^{-40}$ setzen. Dann wird das Alter unserer Welt, als Sturzdauer gemessen,

3) . . . . . nach III . . . . . . $T = 10^{23}$ Sekunden $= 10^{16}$ Jahre.

Aus 1) findet sich $v = \sqrt{g\,r}$, wobei $g = \dfrac{1}{4} \cdot 10^{-6} \cdot \sigma$, so daß

$v = \dfrac{1}{2} \cdot 10^{-3} \cdot r \sqrt{\sigma}$ wird. Setzt man $v = 20$ km/sec., so findet sich $r = 10^{30}$ cm; da nun ein Lichtjahresweg $= 10^{16}$ ist, erweist sich der Durchmesser der Welt als $= 100$ Billionen Lichtjahren. Bei dieser Ableitung ist die Gravitationskonstante k ebenso als konstant ($7 \cdot 10^{-8}$) angenommen, wie σ (10^{-40}) der Weltmaterie.

Aus 1) folgt für den Weg S beim freien Fall

$$4) \qquad s = r \cdot \cos\left[\sqrt{\dfrac{g}{r}} \cdot t\right] = r - \dfrac{1}{2} g t^2 + \dfrac{1}{24} \dfrac{g^2}{r} t^4 \cdots$$

und daraus für die Geschwindigkeit v:

$$5) \qquad v = \sqrt{g\,r} \cdot s\,i\sqrt{\dfrac{g}{r}} \cdot t,$$

andererseits direkt aus 1)

$$6) \qquad v = -\sqrt{\dfrac{g}{r}} \cdot \sqrt{r^2 - x^2},$$

woraus die Falldauer

$$T = -\sqrt{\dfrac{r}{g}} \cdot \mathrm{arc} \cdot \sin \dfrac{x}{r} + \mathrm{const.}$$

Beginnt also der Körper sein Fallen zum Zentrum erst in der Nähe des Zentrums (x klein gegen r), so ist die Falldauer P gleichwohl dieselbe, als wenn er weiter draußen (Erdkörper oder Weltraum) beginnen würde! Nämlich:

$$T = \dfrac{1}{4}\sqrt{\dfrac{3\pi}{k\sigma}}.$$

Die Lebensdauer einer solchen Welt hängt also nur von der Gravitationskonstanten k und von der Dichte σ ab, nicht von ihrer Ausdehnung.

§ 3. *Die Aberration* (Abb. 15 im Text).

Das Berechnungsgesetz: $n = \dfrac{\sin\alpha}{\sin\beta}$ wird für kleine Winkel zu: $n = \dfrac{\alpha}{\beta}$ oder auch $n = \dfrac{\operatorname{tg}\alpha}{\operatorname{tg}\beta}$. Da die Aberration in Luft dieselbe ist wie in Wasser, wird $\sphericalangle FDH = AEA' = \alpha$; nun ergibt sich

$$\operatorname{tg}\alpha = n \cdot \operatorname{tg}\beta,$$

$$\frac{EK}{A'K} = n \cdot \frac{A'B}{DA}.$$

Bezeichnet v die Erdgeschwindigkeit, c die des Lichtes, so ist $EK = AA' = v$, wenn wir uns das Fernrohr „eine Sekunde breit" denken; ebenso $AE = c$, wenn wir uns die Länge der Röhre gleich einer Lichtsekunde denken. Beträgt die Mitführung u, so wird

$$\frac{v}{c} = n \, \frac{v - u}{\dfrac{c}{n}},$$

wenn wir beachten, daß die Lichtgeschwindigkeit im Wasser nicht c, sondern $\dfrac{c}{n}$ ist. Daraus folgt

$$u = v\left(1 - \frac{1}{n^2}\right).$$

§ 4. *Zum IV. Kapitel.*

Der Schwimmer I treibt in einem bestimmten Augenblick O von A weg gegen B zu. Seine Geschwindigkeit möge mit c bezeichnet sein. Während er sich B nähert, bewegt sich dieses Boot mit der Geschwindigkeit v von ihm weg, so daß er sich diesem Boote nur mit der Differenz der Geschwindigkeit nähern kann. Er braucht t Sekunden, um B zu erreichen, so daß wir erhalten:

$$c - v = \frac{s}{t} \quad \text{oder} \quad t_1 = \frac{s}{c - v}.$$

Nun kehrt der Schwimmer nach A zurück. Dabei kommt ihm dieses Boot entgegen, er hat eine scheinbare Geschwindigkeit $c + v$ und braucht daher nur die Zeit:

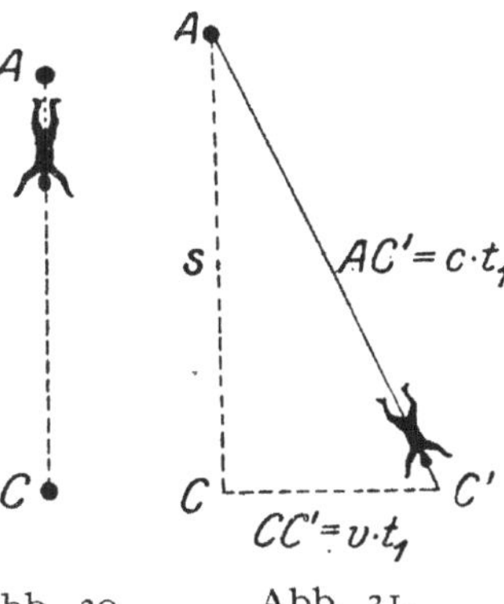

$$t_2 = \frac{s}{c + v},$$

so daß wir die Zeit für das Hin- und Zurückschwimmen erhalten, indem wir $t_1 + t_2$ bilden; dies gibt

$$\text{1)} \quad \text{Längs} \quad t = \frac{2 s c}{c^2 - v^2} \quad \text{oder} \quad \frac{2 s}{c \left(1 - \dfrac{v^2}{c^2}\right)}.$$

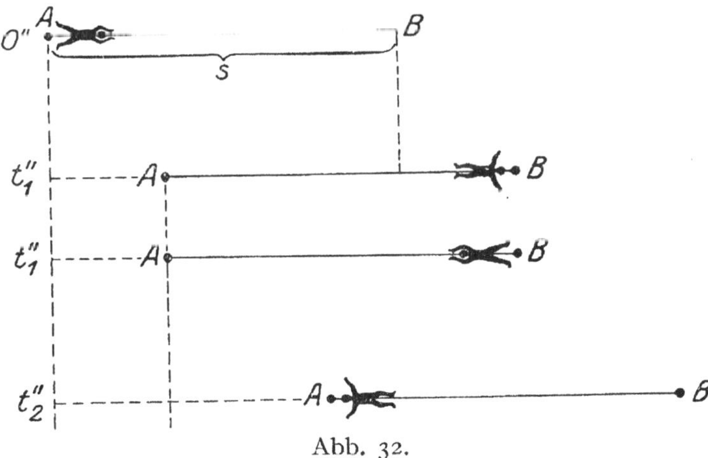

Abb. 32.

Anders für den Querschwimmer II, der von A nach C geht. Er sieht wohl beständig C „gerade vor sich"; da wir aber annehmen, daß sich C während des Schwimmens nach rechts bewege, muß auch II nach rechts schwimmen. Wenn er nach t_1 Sekunden C erreicht haben wird, bildet seine Schwimmbahn eine Hypothenuse zum scheinbaren Weg AC und der Verschiebung CC'. Der pythagoräische Lehrsatz liefert $(AC')^2 = (AC)^2 + (CC')^2$ oder:

$$c^2 \cdot t_1^2 = v^2 \cdot t_1^2 + s^2,$$

$$t_1 = \frac{s}{\sqrt{c^2 - v^2}} \text{ Sekunden.}$$

Da sich für den Rückweg dieselben Umstände ergeben, wird die ganze Zeit $t = 2\,t_1$, und wir erhalten:

$$2) \qquad \text{Quer} \quad t = \frac{2s}{\sqrt{c^2 - v^2}} = \frac{2s}{c\sqrt{1 - \dfrac{v^2}{c^2}}}.$$

Für die Anwendungen ist in der Regel v sehr viel kleiner als c; entwickelt man die Formel 1) und 2) so erhält man

$$3) \quad \text{Längs} \quad t = \frac{2s}{c}\left(1 + \frac{v^2}{c^2} + \frac{v^4}{c^4} \cdots \right),$$

$$4) \qquad \text{Quer} \quad t = \frac{2s}{c}\left(1 + \frac{1}{2}\frac{v^2}{c^2} + \frac{3}{8}\frac{v^4}{c^4} \cdots \right).$$

Der Unterschied zwischen den beiden Zeiten macht sich unmittelbar bemerkbar. Er ist, im Schwimmerbeispiel wie in der Optik, das Beobachtbare. Dieser Unterschied Δ beträgt, da

$$5) \qquad \Delta = \left(\frac{1}{2}\frac{v^2}{c^2} + \frac{5}{8}\frac{v^4}{c^4} \cdots \right) \cdot \frac{2s}{c} = \text{ca.}\,\frac{s}{c} \cdot \frac{v^2}{c^2}$$

ist, für die optisch-elektrischen Bedingungen nicht viel, da v sehr viel kleiner ist als c. In unserem Schwimmerbild, wo

$$v = 1 \text{ m : sec,}$$
$$c = 4 \text{ m : sec,}$$
$$s = 100 \text{ m,}$$

ist, ergeben sich folgende Werte nach 1) und 2):

$$\text{Längs} \quad t = \frac{2sc}{c^2 - v^2} = \frac{2 \cdot 100 \cdot 4}{16 - 1} = \frac{800}{15} = 53\tfrac{1}{3} \text{ Sekunden,}$$

$$\text{Quer} \quad t = \frac{2s}{\sqrt{c^2 - v^2}} = \frac{200}{\sqrt{15}} = \frac{200}{3,87} = 51,64 \text{ Sekunden.}$$

§ 5. *Zu Kapitel V.*

500 Billionen Schwingungen in 1 Sekunde ergeben für eine Schwingungsdauer den Wert von

$$\frac{1}{500 \cdot 10^{12}} = 2 \cdot 10^{-15} \text{ Sekunden.}$$

Nach der Formel 5 von § 4 läßt sich die zeitliche Verspätung des Längslichtes gegenüber dem Querlicht berechnen, wenn der Weg S des Lichtstrahls bekannt ist. Sei also $s = 30$ m $= 0,03$ km $= 3 \cdot 10^{-2}$ km. Dann wird

$$v \text{ (Erdgeschw.)} \quad = 3 \cdot 10^1 \text{ km/sec,}$$
$$c \text{ (Lichtgeschw.)} = 3 \cdot 10^5 \quad \text{,,}$$
$$\left(\frac{v}{c}\right)^2 = 10^{-8} \text{,}$$

$$\varDelta t = \frac{s}{c} \cdot \left(\frac{v}{c}\right)^2 = \frac{3 \cdot 10^{-2}}{3 \cdot 10^5} \cdot 10^{-8} = 10^{-15} \text{ Sekunden.}$$

Dieser Betrag ist gerade die halbe Schwingungszeit des roten Lichtes.

§ 6. *Zu Kapitel V.*

Die berühmte Transformation läßt sich folgendermaßen einfach und übersichtlich ableiten. — Wir suchen den Zusammenhang:

$$1)\quad \begin{cases} x = a\,x' + b\,t', \\ t = d\,t' + e\,x', \end{cases} \qquad \text{und} \qquad 2)\quad \begin{cases} x' = a\,x - b\,t, \\ t' = d\,t - e\,x, \end{cases}$$

wobei gefragt wird, ob die 4 Größen a, b, d, e bestimmbar sind. Nun verlangt der Satz II, daß $x : t$ gleich $x' : t'$ werde, nämlich $= c$. Setzen wir das in 1) und in 2) rechts ein, so wird

$$3)\quad \frac{a\,c + b}{d + e\,c} = c, \qquad\qquad 4)\quad \frac{a\,c - b}{d - e\,c} = c,$$

woraus wir durch Ausmultiplizieren und Vergleichen finden, daß

$$5)\quad d = a, \qquad\qquad 6)\quad b = e\,c^2 \ \text{oder} \ e = \frac{b}{c^2}.$$

Da nun ferner der Punkt $x' = 0$ sich nach der Gleichung $x = v\,t$ bewegt, so folgt aus 2)

$$7)\qquad\qquad b = a\,v.$$

Multiplizieren wir 1) mit d oben und mit $b)$ unten, so folgt durch Subtraktion:

$$x \cdot d - t \cdot b = x' \cdot (a\,d - e\,b) \quad \text{oder} \quad x' = \frac{d}{a\,d - e\,b}\,x - \frac{b}{a\,d - e\,b}\,t.$$

Hier muß nun aber die vor x stehende Zahl $= a$ sein [siehe 2) oben]; also

$$8)\qquad\qquad \frac{a}{a\,d - e\,b} = a;$$

daraus durch Einsetzen von 5), 6), 7) in 8) der Wert

$$9)\qquad\qquad a = \frac{1}{\sqrt{1 - \dfrac{v^2}{c^2}}},$$

womit die Aufgabe gelöst ist.

Denn setzt man diesen Wert für a in 5), 6), 7) so findet man:

10)
$$d = \frac{1}{\sqrt{1 - \dfrac{v^2}{c^2}}} = k,$$

$$b = av = k \cdot v,$$

$$e = \frac{b}{c^2} = k \cdot \frac{v}{c^2}.$$

Diese Werte, in denen also $k = a$ ist, werden in 1) und 2) eingetragen:

11)
$$x = k(x' + vt'), \qquad x' = k(x - vt),$$

$$t = k\left(t' + \frac{v}{c^2}x'\right), \qquad t' = k\left(t - \frac{v}{c^2}x\right).$$

Aus diesen beiden Formelgruppen ergibt sich nun leicht die Addition von Geschwindigkeiten. Sei das Verhältnis Weg durch Zeit, also $x' : t'$, mit u bezeichnet; dies ist die Geschwindigkeit eines Körpers, der im bewegten System betrachtet ist. Die entsprechende Geschwindigkeit im ruhenden System ist $x : t$, und sie sei mit w bezeichnet. Dividieren wir nun in der obigen Formel 11) die Größen x und t, so sehen wir:

12)
$$w = x : t = \frac{k(x' + vt')}{k\left(t' + \dfrac{v}{c^2}x\right)} = \frac{x' + vt'}{t' + \dfrac{v}{c^2}x'}$$

und wenn wir hier Zähler und Nenner durch t' teilen, so ergibt sich:

13)
$$w = \frac{\dfrac{x'}{t'} + v}{1 + \dfrac{v}{c^2}\dfrac{x'}{t'}} = \frac{u + v}{1 + \dfrac{uv}{c^2}},$$

worin also das berühmte Additionsgesetz enthalten ist, das die Zusammensetzung zweier gleichgerichteter Geschwindigkeiten ausspricht.

§ 7. Zu S. 81, Kapitel VI.

Aus dem Additionsgesetz $w = \dfrac{u + v}{1 + \dfrac{u\,v}{c^2}}$ folgt durch binomische Entwicklung, daß die gesamte Geschwindigkeit w ist:

$$w = u + v - \frac{u^2 v}{c^2} - \frac{u v^2}{c^2} \ldots;$$

nun setzen wir $v = \dfrac{c}{n}$ nach dem Brechungsgesetz; v soll also die Geschwindigkeit im Wasser sein. Dann wird

$$w = u + \frac{c}{n} - u^2 \cdot \frac{1}{c\,n} - u \cdot \frac{1}{n^2},$$

worin wir das Glied $u^2 \cdot \dfrac{1}{c\,n}$ wieder weglassen, weil es sehr klein ist. Nun wird die Mitführung

$$w = \frac{c}{n} = u - u \cdot \frac{1}{u^2}$$

wie Fresnel experimentell gefunden hatte.

§ 8. Zu Kapitel VII.

Die wichtigste praktische Konsequenz der Relativitätstheorie ist ohne Zweifel die Erkenntnis, daß der Stoff nichts anderes ist als Energie. Dies läßt sich populärwissenschaftlich auf folgendem Wege begreiflich machen:

Wir gehen von der bekannten Formel (Definition) für die Geschwindigkeit aus:

Geschwindigkeit = Weg : Zeit gemessen in cm/sec

und bauen die elementaren Begriffe der Physik darauf auf;
also zunächst:

$$\text{Beschleunigung} = \text{Geschwindigkeitsveränderung} : \text{Zeit}$$
$$= \text{cm/sec} : \text{sec}$$
$$= \frac{\text{cm}}{\text{sec}^2},$$

.wobei in der letzten Angabe von der G r ö ß e abgesehen
ist und nur der Ausdruck in den grundlegenden Einheiten
cm und sec hingeschrieben ist. Eine Beschleunigung ist
also so und soviele Zentimeter pro Sekundenquadrat. — Die
K r a f t im strengen Sinne ist definiert als:

$$= \text{Masse mal Beschleunigung,}$$
$$\text{Kraft} = \text{Masse mal } \frac{\text{cm}}{\text{sec}^2}.$$

Die Arbeit oder Energie ist erklärt als V e r ä n d e r u n g,
gemessen durch das Produkt von Kraft mal dem Wege,
längs dessen diese Kraft wirksam ist. Also:

$$\text{Energie} = \text{Kraft mal Weg} = \text{Kraft mal cm.}$$

Hier setzen wir nun den eben gewonnenen Ausdruck für
die Kraft ein:

$$\text{Energie} = \text{Masse mal } \frac{\text{cm}}{\text{sec}^2} \text{ mal cm} = \text{Masse mal } \frac{\text{cm}^2}{\text{sec}^2}.$$

$$\text{Also schließlich Energie} = \text{Masse mal } \left(\frac{\text{cm}}{\text{sec}}\right)^2.$$

Sobald man den z w e i t e n großen Gedanken der RT.
begriffen hat, daß nämlich Raum und Zeit nicht nur relativ, sondern auch unlösbar v e r k n ü p f t und von gleicher
N a t u r sind, so ist klar, daß sich der Bruch cm : sec nunmehr in Hinsicht auf Q u a l i t ä t k ü r z e n läßt! Dann
bleibt bis auf quantitative Zusammenhänge p r i n z i p i e l l
der Satz übrig:

$$\text{Energie} = \text{Masse!}$$

Man bemerkt, daß dieses Ergebnis erst auf dem Boden einer relativistischen Lehre sich ergeben konnte. Anderseits ist es nicht aussichtslos, dem unterdrückten Zahlenwert nachzuspüren. Seinem Wesen nach ist es ein Wert (cm : sec)^2, der auch für uns nichts anderes bedeutet, als das Quadrat einer Geschwindigkeit. Die Frage ist nur noch: welche Geschwindigkeit ist dies? Die Physik zeigt an einigen Stellen, daß beim Übergang von einer bestimmten Auffassung der Erscheinungen zu einer anderen Auffassung sich die Maßverhältnisse stets in einer Weise ändern, die der Lichtgeschwindigkeit oder ihrem Quadrat die Bedeutung des Umwandlungsfaktors gibt. So ist es auch hier! Daher die Formel:

Energieinhalt einer Masse = Masse mal (Lichtgeschw.-Quadrat)

oder auch:

Masse einer Energie = Energie : C^2,

womit grundsätzlich in durchsichtiger Weise dieser wichtigste Zug im relativistischen Weltbild erwiesen ist.

Spamersche·Buchdruckerei in Leipzig.

Die Quantentheorie. Ihr Ursprung und ihre Entwicklung. Von Privatdozent Dr. **Fritz Reiche** in Berlin. Mit 15 Textabbildungen. Unter der Presse

Das Wesen des Lichts. Vortrag, gehalten in der Hauptversammlung der Kaiser-Wilhelm-Gesellschaft am 28. Oktober 1919. Von Dr. **Max Planck,** Professor der theoretischen Physik an der Universität Berlin. Zweite, unveränderte Auflage. 1920. Preis M. 3.60

Zur Krise der Lichtäther-Hypothese. Rede, gehalten beim Antritt des Lehramts an der Reichs-Universität zu Leiden. Von Professor Dr. **P. Ehrenfest.** 1913. Preis M. —.60

Die Atomionen chemischer Elemente und ihre Kanalstrahlen-Spektra. Von Dr. **J. Stark,** Professor der Physik an der Technischen Hochschule Aachen. Mit 11 Abbildungen im Text und auf einer Tafel. 1913. Preis M. 1.60

Allgemeine Erkenntnislehre. Von Professor Dr. **Moritz Schlick** in Rostock. 1918. Preis M. 18.—; geb. M. 20.40
Vorzugspreis f. d. Abonnenten der „Naturwissenschaften"
M. 14.40; gebunden M. 16.80
(Bildet Band I der „Naturwissenschaftlichen Monographien und Lehrbücher", herausgegeben von den Herausgebern der „Naturwissenschaften".)

Die Naturwissenschaften. Wochenschrift für die Fortschritte der Naturwissenschaft, der Medizin und der Technik. Herausgegeben von Dr. **A. Berliner** in Berlin und Professor Dr. **A. Pütter** in Bonn.
Preis für das Vierteljahr (13 Hefte) M. 30.—

Hierzu Teuerungszuschläge